Elisée Reclus

Le Littoral
de la France

Étude

 Le code de la propriété intellectuelle du 1er juillet 1992 interdit en effet expressément la photocopie à usage collectif sans autorisation des ayants droit. Or, cette pratique s'est généralisée dans les établissements d'enseignement supérieur, provoquant une baisse brutale des achats de livres et de revues, au point que la possibilité même pour les auteurs de créer des œuvres nouvelles et de les faire éditer correctement est aujourd'hui menacée. En application de la loi du 11 mars 1957, il est interdit de reproduire intégralement ou partiellement le présent ouvrage, sur quelque support que ce soit, sans autorisation de l'Éditeur ou du Centre Français d'Exploitation du Droit de Copie , 20, rue Grands Augustins, 75006 Paris.

ISBN : 978-1986402668

10 9 8 7 6 5 4 3 2 1

Elisée Reclus

Le Littoral
de la France

Étude

Table de Matières

I. L'EMBOURCHURE DE LA GIRONDE ET LA PÉNINSULE DE GRAVE.   7

II. LES LANDES DU MÉDOC ET LES DUNES DE LA COTE.   49

III. LES PLAGES ET LE BASSIN D'ARCACHON.   84

IV. LES LANDES DE BORN ET DU MARENSIN.   120

I. L'EMBOURCHURE DE LA GIRONDE ET LA PÉNINSULE DE GRAVE.

L'embouchure de la Gironde et le golfe de Cordouan forment l'un des parages les plus curieux de la mer qui baigne les côtes de France. Comme les bords de la Basse-Loire et du golfe de la Seine [1], les rivages de l'estuaire girondin encadrent de vastes nappes d'eau où l'on peut étudier tous les phénomènes des courants et des marées; mais ils se distinguent aussi par des caractères qui leur sont propres. La bouche de la Gironde est, à tous les points de vue, une véritable solution de continuité dans le développement des côtes de la France. Tandis qu'au nord la ligne mouvementée des rivages est défendue par une barrière d'îles et présente une succession continuelle de baies et de péninsules, des pointes rocheuses du Finistère aux dunes de la Saintonge, la plage méridionale, dépourvue de presqu'îles, de golfes et de promontoires, se prolonge en droite ligne vers le sud jusqu'à la base des Pyrénées. Les eaux de la Gironde, situées exactement à égale distance du pôle et de l'équateur, forment aussi bien pour la France que pour l'hémisphère entier la vraie ligne de séparation entre le nord et le midi : d'un côté s'étendent des collines riantes et bien cultivées, de l'autre les sables infertiles d'un pays presque désert. Au nord habitent des populations gauloises parlant un dialecte français; au sud les rares habitants, dont les ancêtres étaient probablement en grande partie Ibères, ont un patois qui se rattache à la grande famille provençale. Ainsi tout diffère sur les deux bords, à peine séparés de quelques kilomètres. A l'intérêt offert par ces contrastes s'ajoute celui que présentent les déplacements séculaires de la péninsule de Grave, qu'on essaie maintenant de fortifier contre les assauts de la mer. Au point de vue commercial, l'estuaire de la Gironde n'est pas moins remarquable, car il donne accès à une ville de commerce qui fut pendant longtemps la plus importante de la France entière.

I. — LE GOLFE ET LE PHARE DE CORDOUAN.

Le vaste entonnoir du golfe de Cordouan, dans lequel s'engouffrent les flots du large avant de pénétrer dans la Gironde et de se heurter avec son courant, est occupé dans une forte partie de son étendue par des bancs de sable situés à moins de 10 mètres au-dessous du niveau des basses mers. Tout à fait à l'ouest, c'est le Grand-Banc, l'ancien Mastelier des cartes marines : son rebord extérieur, qui descend en pente assez douce vers la haute mer et suit avec une régularité remarquable la direction du sud-est au nord-ouest, semble continuer au fond des eaux la ligne si peu mouvementée des rivages sablonneux des landes de Gascogne. En-deçà, vers l'intérieur du golfe, une zone de bancs à fond de sable et de gravier se dispose en forme de demi-cercle brisé autour du plateau sous-marin dont l'écueil de Cordouan occupe le centre. Plus à l'est, les bancs diminuent en nombre et en étendue : immédiatement après la Pointe-de-Grave, — c'est-à-dire à l'entrée même du fleuve, — l'embouchure offre d'une rive à l'autre une profondeur considérable, variant de 11 à 31 mètres.

L'entrée principale de la Gironde, connue sous les noms de Passe-du-Nord ou de Passe-de-la-Coubre, et signalée au loin pendant les nuits par les brusques éclairs de l'étoile de Cordouan, commence à une assez grande distance en mer, à 3 kilomètres environ de la côte la plus voisine et à 21 kilomètres du Saut-de-Grave, où s'ouvre l'estuaire proprement dit. Cette grande passe, que suivent actuellement tous les navires d'un fort tirant d'eau, serpente comme un large fleuve entre la zone des bas-fonds et les plages de la côte de Saintonge. Par un beau temps, l'entrée du chenal ne présente aucun danger, et, même en l'absence des nombreux pilotes qui font d'ordinaire le guet dans ces parages et se disputent les navires, tout capitaine intelligent peut facilement s'engager dans la passe et trouver son chemin jusqu'aux mouillages du Verdon ou de Richard. Des bouées de diverses grandeurs jalonnent la route. Le jour, des amers de toute forme, balises, tours, clochers dressés sur les principaux promontoires et disposés de manière à former des lignes droites avec l'axe de la passe, mènent le navigateur comme en laisse et lui interdisent l'approche des écueils; la nuit, les phares remplacent les amers, et leurs feux, rouges ou blancs, fixes ou à éclipses, tracent sur les flots de longs sillages de lumière que les pilotes peuvent suivre aveuglément d'un détour de lapasse à un autre détour. Après avoir perdu de vue derrière les dunes d'Arvert le haut clocher de Marennes, que les Anglais eurent soin de respecter pendant les guerres du moyen âge pour qu'il servît de point de

I. L'EMBOURCHURE DE LA GIRONDE ET LA PÉNINSULE DE GRAVE.

reconnaissance à leurs vaisseaux, après avoir dépassé une énorme bouée qui signale à deux ou trois milles en dehors de la passe l'approche des dangers, les marins n'ont qu'à diriger leur course de manière à tenir devant eux sur une même ligne le clocher de Saint-Palais et celui de Royan, ou bien le feu de Terre-Nègre et celui de Pontaillac. En gardant inflexiblement cette direction sans obliquer à droite ou à gauche, ils s'engagent bientôt dans le premier détroit de la passe, long de plus d'un mille et large de 1,200 mètres environ. Du côté du nord, une ligne de brisants marque l'ancien rivage de la Pointe-de-la-Coubre, reculant sans cesse devant le choc des flots ; au sud, le Grand-Banc projette une langue de sable à laquelle on a donné le nom significatif de Mauvaise, et qui mérite d'autant plus ce nom que les courants, en la transportant graduellement vers l'ouest et en allongeant ainsi la passe, ont rendu l'entrée plus difficile. Rongés et déplacés constamment par les vagues du flot et du jusant, les bords sous-marins de ce banc de sable sont coupés presque à pic, si bien qu'à une distance de quelques longueurs de vaisseau la profondeur varie déjà de plus de 10 mètres. A l'est de la Mauvaise, la passe, dont les sondes ne peuvent atteindre le fond qu'à 12 mètres au-dessous du niveau des basses mers, s'élargit tout à coup pour former un bassin très étendu et libre de tout danger. C'est là que les marins doivent changer de direction pour suivre la ligne droite que forment les deux phares de Saint-George et de Suzac, situés sur la côte de Saintonge au-delà de Royan; puis, après avoir longé le banc de Monrevel, dépassé les côtes de Saint-Palais, de Pontaillac, ils atteignent enfin l'embouchure, et n'ont plus qu'à se diriger vers la rade du Verdon, où de nombreux trois-mâts se balancent sur le flot en attendant l'heure favorable du départ.

En France, il n'est pas une seule entrée de fleuve qui soit aussi belle, aussi facile que celle de la Gironde. Malgré son énorme tirant d'eau, le *Great-Eastern* pourrait sans peine franchir la barre et pénétrer dans l'estuaire aux heures de basse marée, car sur aucun point du chenal la profondeur n'est moindre de 12 mètres. Les bancs eux-mêmes offrent moins de dangers à la navigation que le plus grand nombre des entrées de rivière journalièrement pratiquées. Ainsi, dans presque toute son étendue, le Grand-Banc est recouvert de 6 à 9 mètres d'eau à l'instant le moins favorable du reflux, et si les pilotes n'y engagent point les navires, c'est parce que la houle y est beaucoup plus forte que dans les passes. L'état du temps peut seul créer clés difficultés à l'entrée du chenal; les vents d'ouest soufflent fréquemment dans ces parages avec une violence extrême; souvent aussi les brouillards et les fortes pluies cachent la vue des phares; enfin la brume sèche, qui règne en moyenne pendant trente et un jours de l'année, obscurcit complètement l'horizon et coïncide toujours avec une mer très houleuse. Les marins redoutent cette brume presque autant que la tempête.

La Passe-du-Nord n'est pas la seule qui donne accès aux embarcations d'un fort tonnage ; il en existe une seconde ouverte entre les récifs de Cordouan et la plage du Vieux-Soulac. Ce chenal, que les marins connaissent sous le nom de Passe-de-Grave, est, il est vrai, moins profond, plus étroit que la Passe-du-Nord, et les dangers y sont plus nombreux; mais il a l'avantage d'être à la fois court et direct, si bien que les navires à voiles peuvent facilement le parcourir d'une extrémité à l'autre dans l'espace de quelques heures. A marée basse, il offre aux endroits les moins profonds de 6 à 7 mètres d'eau, et, si nous en croyons le témoignage des pilotes et des pêcheurs, ses fonds de sable et de roche ne cessent de se creuser sous l'action des flots, promettant de devenir un jour aussi praticables aux grands navires que la voie plus longue de la passe septentrionale. Parfaitement balisé, le chenal de Grave ajoute une facilité de plus à l'entrée déjà si facile de la Gironde, et complète le réseau navigable du golfe de Cordouan. Au point de vue hydrologique, les deux passes forment comme un delta dont les deux branches longent la côte en laissant entre elles une zone triangulaire de bas-fonds. Si le niveau de l'eau baissait tout à coup de 7 mètres, on verrait les deux chenals se diriger du Saut-de-Grave vers la haute mer, séparés l'un de l'autre par la grande île du phare et par un archipel irrégulier de plages et de roches.

Les anciennes cartes marines, tracées à une époque où l'on n'avait pas encore adopté un système de sondages comparables entre eux, ne peuvent inspirer qu'une médiocre confiance pour les détails; mais elles n'en possèdent pas moins une grande autorité pour les traits généraux, et leur témoignage, concordant avec celui des pilotes, offre en beaucoup de cas une importance décisive. Ainsi l'accord unanime des anciennes cartes met hors de doute les changements remarquables subis par les passes depuis la fin du XVIe siècle sous

I. L'EMBOURCHURE DE LA GIRONDE ET LA PÉNINSULE DE GRAVE.

l'action continuelle des courants, des marées et des tempêtes. En 1752, lorsque Magin dressa la première carte rigoureuse du golfe de Cordouan, la grande passe commençait directement à l'ouest du phare, à l'endroit précis où se trouve aujourd'hui le banc redouté de la Cuivre, passait entre les bancs du Mastelier et de la Mauvaise, actuellement réunis, et vis-à-vis de la Pointe-de-la-Coubre se recourbait vers l'est pour suivre à peu près la même direction que la passe actuelle. En 1767, l'entrée qu'on nommait indifféremment Passe-du-Mastelier, ou bien aussi Passe-des-Saintongeois ou des Anes, avait encore 8 mètres de profondeur à basse mer; en 1800, elle n'offrait guère que de 6 à 7 mètres, et depuis cette époque elle s'est encore oblitérée. D'autres passes, qu'on n'appellerait plus de ce nom à cause du tirant d'eau croissant des navires, se trouvent aussi à une distance plus ou moins grande de leur ancienne position, ou même ont été complètement ensablées. Aux déplacements des passes correspondent ceux des bancs. La Cuivre, limite extrême du Grand-Banc du côté de la haute mer, se meut lentement dans la direction de Cordouan, tandis que la Mauvaise, plus exposée à l'action des courants, se déplace en sens inverse avec une singulière rapidité. En moins d'un siècle, elle a marché de 5 milles ou de 8 kilomètres vers l'occident. Pour reproduire exactement la distribution des bancs de sable et ne pas induire les pilotes en erreur, la carte sous-marine du golfe de l'embouchure devrait être corrigée soigneusement chaque année.

Au centre de l'archipel des bancs de sable et près du milieu de la ligne idéale qui relierait la côte de Saintonge à celle des landes de Gascogne, se dresse comme un obélisque la fameuse tour de Cordouan, le phare le plus connu et l'un des plus curieux que possède la France. A marée basse, un plateau rocheux s'étend à la base de la tour sur plus d'un kilomètre de large et deux kilomètres de long. Une chaussée de 260 mètres mène du point d'atterrissement à la porte de l'édifice. Partout ailleurs on ne voit que des assises de rochers noirâtres coupées de fondrières, dans lesquelles l'eau marine laissée par le flot s'étale en lagunes tranquilles ou coule en ruisselets cristallins. La plupart des rochers disparaissent sous une carapace de coquillages pointus qu'on saurait à peine distinguer de la pierre, et qui sont eux-mêmes recouverts de parasites de toute nature. D'autres bancs de l'écueil sont cachés par des lits épais d'algues brunes, dont les vésicules craquent à grand bruit sous les pieds; dans l'eau s'agitent des multitudes d'êtres abandonnés par la marée; un grésillement continuel, provenant de toutes ces myriades de vies, s'élève des algues, des pierres et de l'eau courante; dans toutes les cavités apparaissent les crabes, à l'affût de leur proie et levant haut leurs pinces. Au loin, l'écume blanche des brisants forme autour du plateau de rochers une longue ceinture parallèle au cercle de l'horizon. Puis vient l'heure du flot : la zone des brisants se rétrécit sans cesse; à chaque nouvel assaut, l'écueil, envahi par toutes ses fissures, décroît en étendue; les couches d'algues, soulevées et flottantes, sont bientôt noyées sous la nappe verte qui se déroule en venant du large. Enfin les vagues engloutissent en entier le plateau de roches et la chaussée qui le traverse, puis elles assiègent le piédestal massif de la tour et viennent jeter leur écume jusque sur les colonnes du portique. Ainsi, selon les heures du flux et du reflux, le phare règne au loin sur sa base d'écueils, ou bien est réduit à une simple terrasse environnée de brisants; mais, quel que soit le niveau de la marée, son aspect est toujours d'une mélancolie solennelle. Qu'il domine les flots ou les roches noirâtres, il n'en reste pas moins isolé et comme retranché du continent, que l'on voit, dans le lointain, prolonger d'un côté ses dunes boisées, de l'autre ses falaises coupées à pic. Sans doute les hommes confinés dans la tour doivent regarder vers cette terre où sont restées leurs familles avec une intensité de désir semblable à celle des marins qui cherchent eux-mêmes à découvrir pendant les nuits d'orage l'étoile aimée de Cordouan. Par un beau temps, les gardiens peuvent encore tromper leur ennui en pochant dans les lagunes; mais quand la terre se cache derrière un voile de brouillards et que l'horizon se resserre autour d'eux, quand ils sont assiégés par la tempête, quand les coups de mer viennent ébranler leur tour et la couvrir de nappes immenses, quand le vent du large résonne et mugit dans l'édifice comme dans un gigantesque tuyau d'orgue, combien profonde doit être alors leur secrète horreur de cette mer qui les entoure et qui les garde, de cet infini qui leur laisse à peine un petit monde à part, si étroit, si limité, si rempli d'épouvante! La science, qui malheureusement les préoccupe si peu, pourrait seule leur faire aimer ce terrible séjour.

Le rocher qui porte le phare est peut-être un reste de cette île

I. L'EMBOURCHURE DE LA GIRONDE ET LA PÉNINSULE DE GRAVE.

d'Antros dont parle Pomponius Mela; mais, dans tous les cas, on peut considérer comme certain que l'écueil de Cordouan se rattachait au continent dans les âges anté-historiques. Il est même probable qu'il faisait partie de cette chaîne de coteaux crayeux qui prend son origine en pleine Saintonge, et vient aujourd'hui se terminer entre Barzan et Talmont par de superbes falaises dominant la rive droite de la Gironde. Les flots de la mer et les eaux du fleuve, qui coulait alors beaucoup plus au sud, auraient sapé l'extrémité occidentale de la chaîne; mais il en subsisterait encore deux débris, les rochers de Barbe-Grise et ceux de Saint-Nicolas, gardant chacun l'un des rivages de la Pointe-de-Grave, exactement sur la ligne droite tirée des falaises de Talmont aux écueils de Cordouan. Quoi qu'il en soit, la tradition confirme partiellement cette hypothèse. Les paysans du Médoc racontent que du temps de leurs ancêtres ce rocher de Cordouan, recouvert aujourd'hui par les eaux de marée à 2 mètres 60 centimètres de hauteur moyenne, était une île véritable où l'on cultivait la vigne. Alors la passe qui sépare de la terre ferme les rochers de Cordouan était beaucoup moins large qu'elle ne l'est actuellement, et si l'on en croit la légende, il suffisait d'une tête de bœuf ou de cheval jetée au milieu du détroit pour permettre aux voyageurs de le franchir en deux bonds. Peut-être cette assertion doit-elle rappeler en langage figuré l'époque à laquelle un cavalier pouvait passer à gué le canal, qui de nos jours est devenu la Passe-de-Grave.

La tour, aussi bien que le rocher, appartient au domaine de la légende avant d'entrer dans celui de l'histoire. S'élevait-elle aux environs de cette ville de Noviomagus, que les archéologues construisent et démolissent à volonté, tantôt sur un point, tantôt sur un autre? A quelle époque et par quel souverain le premier fanal fut-il construit? Quelle est l'origine de cette appellation? De hardis étymologistes prétendent résolument que le nom de Cordouan est dérivé de celui des habitants de Cordoue, qui expédiaient des cuirs à l'armée d'Abdérame avant la bataille de Poitiers; d'autres moins audacieux, se contentent d'expliquer le nom du phare par le *cor* du gardien qu'y aurait placé Louis le Débonnaire; mais rien ne prouve que les Maures ou les césars carlovingiens se soient occupés d'éclairer l'entrée de la Gironde. La première mention que l'histoire fournisse au sujet de Cordouan est une charte de

1409, attribuant au Prince Noir l'honneur d'avoir élevé le phare. Lorsque l'ingénieur Teulère répara la tour en 1788, il découvrit en effet parmi les fondations du terre-plein quelques murailles très anciennes et des réduits étroits qui lui semblèrent dater de la domination anglaise. C'est donc probablement aux ancêtres de ceux qui ont érigé depuis le beau phare d'Eddystone qu'on devrait aussi le premier fanal de Cordouan.

La construction de la tour actuelle commença en 1584, et l'ingénieur qui la bâtit et rendit ainsi un service des plus considérables au port de Bordeaux fut ce même Louis de Foix qui avait tant fait cinq années auparavant pour le port de Bayonne en lui ramenant son fleuve, égaré dans un nouveau lit. L'architecte de Cordouan, évidemment épris de son art, oublia qu'il élevait sa tour au milieu des flots solitaires, et déploya dans la construction et l'ornementation de l'édifice autant de magnificence que s'il l'eût érigé dans une cité populeuse : la muraille épaisse de la terrasse chargée de soutenir l'assaut des flots fut seule bâtie avec la simplicité massive que demandait sa position au milieu des brisants. Le monument lui-même se composait d'un rez-de-chaussée de style dorique et d'un étage d'ordre composite, portant une galerie circulaire et surmonté d'une rangée de fenêtres à fronton, au-dessus desquelles s'élevait le fanal proprement dit. A l'intérieur, la chambre du roi, occupant tout le premier étage, et la chapelle, située immédiatement au-dessus, étaient richement décorées de sculptures et de médaillons. Toutes les salles étaient ouvertes au centre, de sorte que de la chambre du roi on pouvait apercevoir, comme suspendue dans l'espace, une couronne que Louis de Foix avait placée à la naissance de la voûte du phare. Ébloui par son œuvre, l'architecte la contemplait avec orgueil et ne pouvait se retenir d'en chanter lui-même les louanges. « Mon esprit ravy, s'écria-t-il, est en estonnement d'avoir construit ce phare de gloire. Babylone, Memphis, le mausolée de Carie et le palais du Mède ne sont rien en comparaison du superbe ouvrage du gentil ingénieur ! » C'est ce cri d'extase que traduisent en l'affaiblissant de mauvais vers inscrits au-dessous du buste de Louis de Foix, qu'on a placé dans la chapelle.

Le « gentil ingénieur » n'eut pas le bonheur de voir la huitième merveille du monde complètement terminée; mais les architectes

I. L'EMBOURCHURE DE LA GIRONDE ET LA PÉNINSULE DE GRAVE.

qui lui succédèrent suivirent ses plans et se contentèrent de réparer les dégâts causés par les tempêtes. Ce fut seulement en 1788 que l'ingénieur Teulère abattit toute la partie de l'édifice qui s'élevait au-dessus du premier étage, et la remplaça par une espèce d'obélisque percé de trois rangées de fenêtres et surmonté d'un entablement portant la lanterne. La tour est maintenant plus haute de 20 mètres qu'elle ne l'était en sortant des mains de Louis de Foix, et se dresse à 72 mètres environ au-dessus du niveau des eaux de basse mer. Il est certain que l'édifice n'a plus cette harmonie de proportions qui en faisait la beauté architecturale ; cependant il a peut-être gagné en majesté réelle. Un phare est fait pour être aperçu de l'horizon, jaillissant du sein des vagues et régnant au loin sur l'étendue. C'est par la hauteur qu'il impose au regard, et non par le fini des détails. Et d'ailleurs qu'importe en cette occasion l'avis des archéologues? Les marins qui louvoient péniblement en dehors des bancs et risquent sans cesse de se perdre, si le brouillard les enveloppe ou si la tempête les poursuit, se réjouissent de voir l'étoile favorable brillant à une si grande hauteur au sommet de son obélisque [2]. Rassurés désormais, puisqu'ils aperçoivent le feu bien avant de se trouver dans le voisinage des bancs de sable, ils ne considèrent plus le phare comme une terrible divinité siégeant au milieu des écueils pour assister ironiquement à l'infortune des naufragés; mais ils le bénissent comme un dieu qui leur montre de loin l'entrée du port et les guide par son rayon sauveur. Et ce phare superbe, dominant le tumulte des flots et sondant incessamment l'horizon de son grand œil qui tourne, n'est-il pas en effet l'ami secourable des matelots, et ne doit-il pas leur apparaître comme un être animé, jouissant d'une vie personnelle? Pour tous les hommes égarés sur les eaux, sa lumière n'est-elle pas vraiment un regard de la patrie commune, et ne condense-t-elle pas dans son rayon la sollicitude de tous les frères restés sur le continent? Le phare ne connaît pas d'étrangers; il éclaire tous les marins sans exception, égayant devant eux la surface des flots jadis si redoutables.

II. — LA PÉNINSULE D'ARVERT. — LE PERTUIS DE MAUMUSSON.

La terre qui s'étend au nord du golfe de Cordouan forme une remarquable péninsule désignée ordinairement sous le nom de presqu'île d'Arvert d'après un village qui en occupe le centre. Presque parfaitement rectangulaire, elle s'étend du sud-est au nord-ouest sur une longueur de 25 kilomètres environ et 10 kilomètres de largeur moyenne. La Seudre, bras de mer auquel ses marais salants et ses nombreux parcs à huîtres donnent une importance commerciale très considérable, la limite au nord-est et la sépare des terres basses de Marennes. A l'origine de la péninsule, entre Royan et Saujon, quelques chaînes de coteaux s'enracinent au plateau calcaire de Coze et de Gémozac; mais, en se développant vers l'extrémité de la presqu'île, ces chaînes s'affaissent, s'écartent peu à peu, et bientôt ne forment plus que de simples renflements entourés de dépressions jadis remplies par les eaux. C'est là, sur d'anciens îlots aujourd'hui rattachés à la terre, que s'élèvent les derniers villages; mais, plus à l'ouest, les formations rocheuses disparaissent complètement sous le sable ou la tourbe, et ne plissent pas même le sol en légères éminences. Plus de champs cultivés ni de cabanes : on ne voit que des collines de sable, les unes encore mobiles, les autres couvertes de semis ou de forêts. Les dunes d'Arvert, environnées de tous côtés par la mer et par des marécages récemment desséchés, occupent une superficie d'environ 90 kilomètres carrés.

Plus accessibles que celles des Landes et de la Gironde, les dunes d'Arvert ne sont pas moins curieuses à visiter, et dans un espace plus restreint offrent les mêmes phénomènes. La principale, située à l'extrémité nord-ouest de la péninsule, non loin de la ville de La Tremblade, a été soulevée par les vents jusqu'à la hauteur de 62 mètres, et commande l'un des panoramas les plus étendus et les plus beaux que l'on puisse contempler dans tout le département de la Charente-Inférieure. Les autres monticules, situés plus au sud et recevant en plein les vents du sud-ouest, qui les écrêtent et reportent leurs sables dans la direction de la grande dune, ont seulement de 30 à 50 mètres d'élévation moyenne. Aux yeux d'un touriste habitué à l'escalade des Alpes et des Pyrénées, ce sont là, nous l'avouons, de bien humbles sommets; pourtant ces taupinières de sable prennent l'aspect de véritables montagnes, et leurs chaînes, disposées parallèlement à la rive comme une rangée d'énormes vagues, semblent constituer tout un système orographique. Leurs talus hardis, leurs vives arêtes taillées comme au ciseau, la forme

I. L'EMBOURCHURE DE LA GIRONDE ET LA PÉNINSULE DE GRAVE.

rythmique de leurs cimes, l'harmonie générale de leurs contours, sans cesse modifiés au gré du vent, leur donnent une étonnante apparence de grandeur. La ligne de base parfaitement unie qu'offre le rivage de la mer aide également à l'illusion par le contraste, et contribue à rehausser ces blanches collines. Aussi les habitants des localités voisines ont-ils tranché la question en imposant fièrement aux dunes d'Arvert le titre de montagnes. Malgré la mobilité de leurs sables, la plupart de ces monticules changeants ont un nom : la Briquette, le Banquin, la Balise.

Un ancien proverbe bien connu dans la Saintonge dit que « les montagnes marchent en Arvert. » Quelques-unes se sont arrêtées, fixées par des semis, et sont maintenant transformées en simples tertres boisés. C'est ainsi qu'une compagnie de La Rochelle a récemment prévenu le déplacement des dunes du nord en faisant ensemencer un domaine considérable près du pertuis de Maumusson; de même la forêt d'Arvert, recouvrant les rangées de dunes qui s'élèvent au sud de la péninsule, parallèlement au rivage du golfe de Cordouan, protégeait pendant le moyen âge une grande étendue de pays et n'a cessé de la protéger partiellement, bien que la hache du bûcheron ait éclairci ses rangs, jadis pressés. Partout ailleurs les dunes d'Arvert marchent encore, et le moindre vent y soulève des nuées de sable pareilles aux fumées qui tourbillonnent au-dessus des volcans. Nombreux sont les désastres occasionnés par la marche des dunes depuis les temps historiques. L'ancienne ville d'Anchoisne, qui peut-être était le port des Saintongeois ou *Portus Santonum* cité par Ptolémée [3], s'est constamment déplacée devant les sables comme l'écume chassée par le flot, et ne s'est définitivement fixée qu'en atteignant l'endroit où s'élève aujourd'hui la ville de La Tremblade. Toutes les rangées de dunes situées autrefois à l'ouest d'Anchoisne entre la mer et les maisons se sont avancées vers l'est comme une armée en bataille, et, faisant incessamment reculer la population, elles ont rasé les unes après les autres toutes les anciennes demeures. Maintenant qu'elles sont passées, on peut apercevoir çà et là des restes insignifiants de constructions sur l'antique emplacement de la ville disparue ; mais la dune a gardé la plus grande partie de sa proie. Peut-être aussi la mer s'est-elle associée à l'œuvre de démolition, et le banc de sable connu sous le nom de Fond d'Anchoisne recouvre-t-il quelques débris de la cité mystérieuse. Plus au sud, le village de Buze a subi le même sort. Enseveli sous une première colline de sable, il commençait à être oublié, lorsqu'en l'année 1698 on vit tout à coup reparaître dans un vallon les murailles de l'église, d'une abbaye et de quelques autres bâtisses, dégagées graduellement par le souffle du vent qui poussait la dune vers l'intérieur des terres. Les paysans des villages voisins eurent à peine le temps d'arracher quelques pierres à ces constructions d'un autre âge, car bientôt un nouveau monticule de sable, marchant à la suite du premier, atteignit les ruines qui venaient d'échapper à la terre et les ensevelit sous son énorme masse. Aujourd'hui ce qui reste de Buze repose, dit-on, sous la haute dune de la Briquette. Ainsi disparut également l'ancien village de Saint-Palais, dont on voit encore l'église, réparée soigneusement pour servir d'amer aux navigateurs. Un hameau de la même commune, le Maine-Gaudin, a été pareillement englouti, et récemment encore les dunes de Saint-Augustin marchaient à l'assaut des campagnes d'Arvert avec une vitesse moyenne de 30 à 40 mètres par année.

De nos jours, on n'a plus à craindre de désastres pour des villages entiers, car il n'est point de commune dont les citoyens soient assez dépourvus d'initiative pour ne pas fixer, au moyen de semis. les dunes menaçantes ; mais nombre d'habitants épars, trop faibles pour lutter contre les montagnes qui s'avancent, sont encore exposés à un péril imminent, et doivent abandonner leurs demeures sous peine d'être enterrés vivants. Il y a quelques semaines, longtemps après la chute du jour, j'arrivais, accompagné d'un ami, près du poste de la Pointe-Espagnole, une de ces maisons qu'on a bâties de lieue en lieue sur le bord de la mer, soit afin d'empêcher un commerce interlope que les brisants rendent déjà presque impossible, soit afin de secourir les naufragés jetés sur ces côtes fécondes en sinistres. Nous étions seulement à quelques pas de la demeure du gardien, les rayons lunaires l'éclairaient en plein de leur plus vive clarté, et cependant nous la distinguions à peine. Elle nous semblait se confondre avec le sol mobile qui l'entourait, et le toit lui-même, dont la ligne horizontale se montrait au-dessus des talus de sable, avait l'apparence d'une de ces arêtes géométriques qui terminent souvent le sommet des dunes. C'est qu'en effet la maison était à demi ensevelie. Du côté de la mer, les monceaux de

I. L'EMBOURCHURE DE LA GIRONDE ET LA PÉNINSULE DE GRAVE.

sable étaient entassés jusqu'à la hauteur du toit; mais heureusement les remous du vent avaient ménagé autour de la muraille une espèce de fossé de défense semblable à celui d'une redoute; de l'autre côté, la masse de la dune pesait de tout son poids contre la demeure : portes et fenêtres étaient condamnées; il ne restait plus que la partie supérieure d'une ouverture, et le plancher était déjà situé à plusieurs mètres en contre-bas des sables. Quelques années auparavant, lorsque l'employé qui nous reçut avait été préposé à la garde de la Pointe-Espagnole, une autre dune en voyage avait pris sa route au travers de la maison : elle passa sans renverser les murailles; mais elle était suivie d'un petit vallon qui se déplaçait aussi. La cabane se trouvant tout à coup juchée sur une espèce de tertre, ses fondations furent graduellement déchaussées jusqu'à 2 mètres de profondeur et s'écoulèrent en partie sous le poids des parois supérieures. On releva les murailles renversées, puis, quand l'œuvre de reconstruction fut terminée, une nouvelle dune, celle que l'on voit aujourd'hui, vint assiéger la pauvre demeure. Le gardien dut renvoyer en hâte sa femme et ses enfants, qui l'avaient accompagné; lui-même, de peur d'être bloqué, se tient prêt chaque jour à quitter la place. Au moindre vent, le sable tourbillonne dans sa chambre, couvre ses meubles, saupoudre sa nourriture, se mêle à l'air qu'il respire et diminue successivement la quantité de lumière qui lui vient encore par les lucarnes. Peut-être depuis notre visite a-t-il dû quitter le poste assiégé, ou bien la seconde dune est passée comme la première, laissant derrière elle la maison haut perchée sur un talus.

La presqu'île d'Arvert est-elle lentement soulevée au-dessus du niveau des mers, comme le sont plus ou moins les côtes du Poitou et de la Vendée [4]? C'est là une question géologique des plus intéressantes à laquelle on ne peut, dans l'état actuel de la science, répondre d'une manière catégorique. Quoi qu'il en soit, il est certain que le pays était autrefois recouvert en grande partie par les eaux du golfe. En une multitude de localités, situées dans l'intérieur des terres et à une élévation de plusieurs mètres au-dessus de l'Océan, on rencontre sous la couche de terre végétale une argile grise, rouge ou bleuâtre, qui doit avoir été apportée par les eaux marines, soit de la Bretagne, soit de la Vendée, car les collines de Saintonge offrent seulement des assises calcaires dont la désagrégation ne peut servir à former l'argile [5]. Des bancs de coquillages marins, composés d'espèces actuellement vivantes, se trouvent assez fréquemment dans la péninsule qui sépare la Seudre de la Gironde. Les vastes marais qui recouvrent une grande partie du pays, tels que ceux de Saint-Augustin, des Mattes, d'Arvert, de Mornac, de Saint-George, de Méchers, sont unanimement considéré comme d'anciens bras de mer, et sur nombre de vieilles cartes on les voit tracés comme autant de baies séparées de l'Océan par des cordons littoraux. Enfin d'antiques falaises, qui s'élèvent aujourd'hui au-dessus de paisibles prairies, portent à leur base des traces évidentes de l'assaut des flots : tels sont, sur les bords de la Gironde, les rochers qui portent le Vieux-Mortagne.

Un grand nombre de faits, corroborés par la tradition, semblent prouver que cet exhaussement du sol n'a pas cessé de se produire pendant les âges historiques et qu'il continue de nos jours. C'est ainsi que près d'un village appelé encore Saint-Augustin-sur-Mer, bien qu'il soit très éloigné de la côte, on aurait découvert dans les marais des ancres et des restes d'embarcations d'un fort tonnage; ailleurs, les paysans prétendent avoir vu, scellés dans le rocher, des anneaux où s'amarraient les navires. Une foule de noms rappellent le séjour des eaux marines dans des localités situées actuellement à plusieurs lieues du rivage. Immédiatement au nord de la Seudre, le district de Marennes était tellement coupé de bras de mer et de canaux qu'on l'avait appelé le *Colloque-des-Iles*. La péninsule d'Arvert eût également mérité ce titre : tous les monticules sur lesquels sont construits ses villages étaient environnés d'eau salée et tous ses marais forment des anses qui portent encore le nom de ports. La Seudre, où flottait, sous le règne de Louis XIII, un navire de 2,000 tonneaux, ne saurait plus admettre aujourd'hui de grands navires de guerre, et les quarante petits embranchements navigables, avec lesquels elle communiquait, sont actuellement réduits de près de moitié. Il serait vraiment étonnant que les alluvions apportées par la mer et les ruisseaux de l'intérieur eussent suffi pendant ces derniers siècles pour combler tant de baies, de canaux, de ports et de havres : il est plus croyable que, dans cette région de la France, le sol participe au mouvement d'ascension constaté déjà pour les côtes limitrophes de l'Aunis et du Poitou. Du reste, il existe des preuves positives de soulèvements locaux

I. L'EMBOURCHURE DE LA GIRONDE ET LA PÉNINSULE DE GRAVE.

accomplis pendant l'époque actuelle dans la péninsule de la Seudre. C'est ainsi que non loin de Royan, à Saint-George-de-Didonne, le marais de Chenaumoine, qui fut jadis une baie de l'estuaire girondin, a été graduellement séparé de la mer, non-seulement par les dunes, mais encore par un banc de rochers calcaires, à travers lequel il a fallu creuser un profond canal pour rétablir l'effluent du marais. A quelques kilomètres de Saint-George, près du village de Talmont, on remarque une ancienne plage contenant des débris de l'industrie humaine et située au-dessus de l'estuaire : il faut donc qu'elle se soit élevée pendant les âges récents. M. Le Terme, auquel on doit un livre très curieux, publié en 1825, sur l'arrondissement de Marennes, nous apprend aussi qu'il existait à La Tremblade, avant le creusement du chenal actuel, un écours ou chenal dont le fond solide ne cessait de s'exhausser d'une manière régulière malgré les dragages constants. Les habitants du pays constatent ce phénomène en disant que « la *banche* croît. » Cette croissance de la *banche* ou fond du canal doit-elle être simplement attribuée à des causes locales, ou bien faut-il la rattacher à une loi dont l'effet serait général pour toute la péninsule? Avant que la science ait prononcé un jugement définitif, c'est la dernière hypothèse qui doit sembler la plus probable.

Quoi qu'il en soit, que le sol s'exhausse lentement ou bien qu'il garde constamment le même niveau, les vagues de la mer ne cessent d'empiéter sur les rivages. Tandis que l'Océan abandonne ses baies, ses criques et les estuaires qui frangeaient autrefois profondément l'intérieur de la péninsule, il tend sans cesse à régulariser la ligne des côtes en rongeant la base des dunes, en rasant les promontoires. Jadis, on le comprend, les chaînes de montagnes et de collines ou bien les simples monticules qui s'élèvent au bord de la mer devaient, à des degrés divers, donner aux rivages la structure remarquable qu'offrent aujourd'hui les âpres côtes de la Norvège et de l'Écosse, découpées en fiords profonds, hérissées d'étroites péninsules; mais, sur tous les contours des continents et des îles, la mer travaille à redresser la ligne de ses rivages par la formation des barres et des cordons littoraux, par l'ensablement des baies, par l'affouillement des caps. En Scandinavie et dans tous les pays où les baies ont une profondeur considérable, où les pointes sont composées de rochers opposant à l'assaut des vagues une grande force de résistance, la mer n'a pu encore accomplir son œuvre; en revanche, sur les côtes basses, connue celles des Landes et de la Saintonge, la rectification des plages progresse à vue d'œil, pour ainsi dire. Aujourd'hui la partie du rivage de la péninsule d'Arvert, tournée vers la haute mer, est aussi rectiligne que le permettent les molles ondulations produites sur le sable par le ressac des flots. Les deux pointes extrêmes, qui terminent au sud et au nord la ligne régulière de la côte, reculent chaque année. De 1825 à 1853, la Pointe-de-la-Coubre n'a pas perdu moins de 600 mètres, et son ancien rivage est remplacé par des bas-fonds. On dit que pendant l'hiver de 1862 la mer a détruit la plage sur une largeur de 150 mètres au pied des dunes abruptes de la Pointe-Espagnole.

La côte inhospitalière d'Arvert est à bon droit redoutée des marins; mais c'est à son extrémité septentrionale, près de la Pointe-Espagnole, que les navires sont exposés aux plus grands dangers. Là s'ouvre le célèbre pertuis de Maumusson, qui fait communiquer la haute mer avec l'embouchure de la Seudre et les Couraux d'Oléron. D'après la tradition, il était jadis beaucoup plus étroit que de nos jours. En 1335, pendant le cours d'une discussion soulevée entre le seigneur de Pons et Philippe de Valois au sujet de délimitations territoriales, cent témoins, qui peut-être avaient été achetés, affirmèrent unanimement que dans leur enfance l'île d'Oléron était séparée du continent par un simple fossé qu'on pouvait franchir d'un saut en s'appuyant sur un bâton; mais ces dépositions ne peuvent avoir qu'une faible valeur contre les textes positifs des auteurs anciens et le témoignage de nombreuses chartes du moyen âge. Il est donc très probable que le pertuis existe depuis des milliers d'années et constitue un véritable détroit, sans cesse élargi par les courants. Au commencement du XVIIIe siècle, il donnait accès à des bâtiments de 40 tonneaux. En 1813, sa largeur était presque doublée, et le *Regulus*, vaisseau de quatre-vingts canons, se glissait par cette dangereuse passe afin d'éviter la croisière anglaise. De nos jours, le pertuis de Maumusson offre un peu plus de 2 kilomètres de la pointe d'Arvert à la pointe dite de Maumusson, et sa profondeur moyenne sur la barre est de 2 à 3 mètres à l'heure des basses marées.

Ce terrible pertuis, dont le nom est synonyme de *mauvaise entrée*, et que les marins de la Seudre redoutent comme une sauvage

I. L'EMBOURCHURE DE LA GIRONDE ET LA PÉNINSULE DE GRAVE.

divinité des mers, doit ses dangers au choc des courants de marée qui viennent s'y rencontrer, l'un venant de la haute mer, l'autre sortant des Couraux d'Oléron après avoir fait le tour de l'île entière. Avant l'heure de la marée, un courant qui se porte du nord au sud passe à travers le pertuis comme un fleuve animé d'une vitesse d'un mètre et demi par seconde; mais, quand le flot commence à venir du large, le courant refoulé bat peu à peu en retraite vers le nord, et se développe en larges ondes autour des pointes et dans la profondeur des anses. Deux bancs de sable, le Grand-Gâtesau et le Petit-Gâtesau, déposés obliquement par la marée de chaque côté du chenal, forment la barre du pertuis avec les *mattes* ou bancs d'Arvert situés sur la côte du continent, et soutiennent de chaque côté la pression des flots. Souvent le mélange des eaux s'opère d'une manière assez paisible, et ceux qui viennent alors visiter le pertuis dans l'espoir de contempler le Maelström de la Saintonge s'en retournent désenchantés ; mais pendant les orages ou simplement lorsque la tempête se prépare, ou bien encore lorsqu'une brume sèche, aux fortes tensions électriques, pèse au loin sur les eaux, alors, pour nous servir de l'expression des marins, Maumusson grogne, et l'on peut entendre son effroyable mugissement jusqu'à 20 kilomètres de distance. Les brisants écumeux roulent avec fureur sur les bancs de sable, et se dressent comme des murailles blanches au milieu de l'entrée. Des remous, formés par la rencontre des deux courants, tourbillonnent en longs cercles des deux côtés de la barre et se creusent en entonnoirs, comme des gouffres sous-marins. Le sable, soulevé par les vagues de fond et devenu mobile, roule en lames énormes à travers le détroit et vient s'abattre sur les plages en larges flots, qu'une seconde vague emporte pour les lancer de nouveau sur le bord avec une terrible force d'impulsion. Malheur au navire qui se trouve alors dans ce bouillonnement de flots composés à la fois d'eau et de sable! Même lorsque Maumusson se repose comme un lion rassasié de proie, les embarcations ne peuvent franchir heureusement le pertuis qu'à la condition d'être poussées par une brise constante. Si le vent cessait tout à coup de souffler, le navire serait infailliblement entraîné sur les brisants et bientôt démoli par les vagues.

En dépit des bouées, des balises, des phares et des sémaphores, presque tous les parages de la côte d'Arvert offrent aussi de sérieux dangers aux navigateurs pendant les tempêtes. Entre la Pointe-de-la-Coubre et le fort ruiné de Terre-Nègre, le long de ce rivage que les baigneurs de Cordouan connaissent sous le nom de Grande-Côte, on rencontre, à demi enterrées dans le sable, bien des carcasses d'embarcations, bien des membrures de navires rongées par les tarets, bien des rames ayant appartenu à des pêcheurs ou à des matelots dont les cadavres ont aussi parsemé la plage. Le bas-fond de la Barre-à-l'Anglais, situé presque directement au nord de Cordouan, est surtout redoutable. Même par un beau temps, on y voit trois ou quatre lignes de vagues se pourchasser et déferler les unes au-dessus des autres en cataractes tonnantes : aussi loin que le regard peut atteindre, on aperçoit ces brisants qui se prolongent parallèlement à la plage, et sur lesquels flotte un éternel brouillard d'écume s'élevant en tourbillons comme de la poussière. Plus à l'est, la côte rocheuse qui commence à l'ancien fort de Terre-Nègre et se développe dans la direction de Royan subit des assauts bien moins terribles que la Barre-à-l'Anglais. Les vagues qui viennent frapper sur les falaises et rejaillir en pluie jusqu'à une grande hauteur produisent certainement un effet des plus pittoresques; mais déjà la force de la mer est en partie rompue par les bancs de sable et les écueils de Cordouan. Le golfe se rétrécit peu à peu; au sud, la rive des landes de Gascogne se dessine au-dessus des Ilots; on approche de l'embouchure du fleuve, et bientôt on va quitter la falaise marine, qu'interrompent çà et là des baies arrondies et sablonneuses. Enfin on dépasse Pontaillac, la *conche* [6] aimée des baigneurs, et l'on atteint la Pointe-de-Chay, qui forme, avec la Pointe-de-Grave, la magnifique porte de la Gironde.

III. — ROYAN. — ESTUAIRE DE LA GIRONDE.

La ville de Royan, placée à l'entrée de la Gironde, ne répond pas complètement à l'idée qu'on pourrait se faire de la gardienne d'un si noble fleuve. Plus heureuse que bien des grandes cités, elle a eu l'insigne fortune de trouver à la fois un poète et un historien dans l'un de ses enfants; mais elle ne doit qu'une bien faible partie de sa gloire à sa propre initiative, et, sans les étrangers qui viennent visiter ses plages pendant la belle saison, il serait à craindre qu'elle ne tombât bientôt dans un profond oubli. Comme les animaux hibernants, elle a son sommeil périodique, et chaque année,

I. L'EMBOURCHURE DE LA GIRONDE ET LA PÉNINSULE DE GRAVE.

lorsque la vie factice communiquée par l'affluence des baigneurs s'est graduellement évanouie, elle abandonne son apparence passagère de ville pour devenir tout simplement un modeste bourg de province. Elle fait, il est vrai, de nobles efforts pour se donner les dehors d'une véritable cité : elle abat ses baraques et décore ses hôtels, elle plante des arbres sur ses boulevards, elle aligne ses quais, blanchit ses façades; mais elle n'a d'autre industrie permanente que celle de la construction des chaloupes, et son commerce est presque insignifiant. Tout son effectif maritime se compose de quelques barques de pilote qui se balancent sur le flot de marée ou bien se couchent honteusement dans une vase fétide.

Bien que Royan n'ait jamais été une ville considérable, cependant sa remarquable position stratégique lui a toujours donné en temps de guerre une véritable importance. Les divers conquérants qui se sont succédé dans les contrées du sud-ouest de la France devaient nécessairement avoir à cœur de posséder le promontoire qui sépare la Gironde de la mer, et le premier havre qui s'ouvre dans la chaîne des falaises, à l'entrée du fleuve. Aussi Royan compte-t-elle de longs siècles d'existence, et, selon toute probabilité, c'est bien sur l'emplacement qu'elle occupe aujourd'hui que s'est élevée l'ancienne *Novioregum* de l'itinéraire d'Antonin. Longtemps ignorée malgré ses vicissitudes et ses changements de maîtres, Royan fit parler d'elle pour la première fois pendant les guerres de religion, alors que La Rochelle, sa puissante voisine, osait à elle seule tenir tête à lu France. Une garnison de huguenots, retranchée dans le château de Royan, attendit de pied ferme l'arrivée de Louis XIII et de son armée. Le roi fut bon prince. Lorsque la ville fut obligée de se rendre après huit jours de tranchée ouverte, il aurait pu faire passer la garnison au fil de l'épée; il se contenta d'appauvrir les habitants en détruisant la jetée de manière à mettre le port hors de service. Aussi Royan devint-elle peu à peu presque complètement déserte, et bientôt il n'y resta plus qu'un groupe de cabanes. Vers le milieu du siècle dernier, si du moins nous en croyons une estampe gravée à cette époque, Royan avait encore l'apparence d'une grande ruine. L'énorme masse quadrangulaire de l'ancien château dressait ses murailles lézardées à l'extrémité de la pointe; des pans de murs noircis encombraient le sol ; les remparts, semblables à des falaises rongées par les vagues, se distinguaient à peine des rochers qui leur servaient de base; par-dessus le parapet ébréché, on apercevait de rares maisonnettes peureusement blotties au pied du vieux donjon, et n'osant pas même tourner leurs lucarnes du côté de la mer. Le port, encore plus étroit qu'il ne l'est aujourd'hui, était défendu contre la force des eaux par une rangée de piquets. et donnait asile à quelques gabares d'un aspect misérable.

A la fin du siècle dernier et au commencement du nôtre, alors que les croisières anglaises bloquaient les côtes de France, la guerre, qui ruine tant de villes, devint pour Royan une cause indirecte de prospérité. Les navires de cabotage, qui prenaient dans les ports de la Loire, à La Rochelle ou dans les îles voisines, des cargaisons à destination de Bordeaux, ne se hasardaient point en pleine mer, et, se glissant entre l'île d'Oléron et la côte de Marennes, venaient déposer leur chargement à Mornac, La Tremblade, ou tout autre port de la Seudre. Là, on expédiait par terre toutes les marchandises vers Royan, où on les rechargeait une troisième fois pour Bordeaux. La prise du port de Royan par les Anglais en 1814, puis le rétablissement de la paix, mirent un terme à ce trafic important, qu'on songeait à faciliter encore par le creusement d'un canal maritime de la Seudre à la Gironde. Royan cessa d'être une étape du grand chemin commercial de Nantes et de La Rochelle à Bordeaux, et de nouveau les caboteurs purent s'aventurer, sans crainte des corsaires, dans la mer qui baigne à l'ouest les îles de Ré et d'Oléron. Cependant il existe encore des éléments sérieux pour le renouvellement partiel du trafic qui prenait sa direction vers Royan. Les seuls ports d'Oléron, de la Charente et de la rivière de Seudre ont un mouvement total de 350,000 tonneaux [7] par année, comprenant une forte proportion de marchandises à destination de Bordeaux et des bords de la Gironde. Si les moyens de communication étaient améliorés entre la Seudre et Royan, soit par une voie ferrée, soit par un canal maritime, nombre d'expéditeurs auraient intérêt à choisir cette voie, plus courte et plus sure, et leurs navires éviteraient ainsi les débouquements parfois dangereux du pertuis d'Antioche on du pertuis de Maumusson. Déjà c'est exclusivement par le port de Royan que les pêcheurs de la Seudre expédient à Bordeaux les huîtres de La Tremblade et les sardines de Saujon, mieux connues sous le nom inexact de *royans*.

Envahie par cette ambition si commune en France, hélas! qui

I. L'EMBOURCHURE DE LA GIRONDE ET LA PÉNINSULE DE GRAVE.

consiste à mendier les faveurs du gouvernement plutôt que de faire appel à l'initiative locale ou provinciale, la petite ville de Royan ne se borne pas à rêver pour elle-même l'avenir d'un port de transit ; comme plusieurs autres localités de la Basse-Gironde, elle ne voudrait rien moins que devenir le grand avant-port de Bordeaux, le Saint-Nazaire du fleuve de l'Aquitaine. Certes ce n'est point la profondeur qui manquerait au nouveau port : presque au ras de la pointe que couronne le fort de Royan, la mer offre de 20 à 30 mètres d'eau, et si le fond se relève un peu du côté un large, on ne le trouve nulle part à moins de 14 mètres au-dessous du niveau des basses mers. Il suffirait de construire sur une longueur de 800 mètres environ l'une de ces puissantes jetées, qui font aujourd'hui la gloire des ingénieurs, pour ménager aux navires une rade de plus de 200 hectares de superficie, sans compter les bas-fonds inclinés en pente douce vers les plages de la conche. Les frais d'établissement seraient considérables ; mais ce n'est pas dans la question financière qu'il faut chercher le grand obstacle à la réalisation des vœux de Royan. La puissante cité bordelaise, jalouse de sa suprématie, ne permettra que difficilement la création d'une rivale sur les côtes de la Gironde, et quand elle sera forcée, dans son propre intérêt, de céder aux trop légitimes instances des marins que rebute la longue et coûteuse navigation du fleuve, nul doute qu'elle ne réclame impérieusement en faveur d'un point de la rive gauche. Afin que son avant-port maritime soit à la fois aussi dépendant et aussi rapproché que possible, la métropole exigera qu'il se creuse dans les limites du département de la Gironde et puisse être relié directement par un chemin de fer à ses vastes entrepôts. La ville de Royan caresse donc en vain ses beaux rêves de grandeur ; qu'il lui suffise de faire rebâtir sur un meilleur plan et de plus vastes dimensions sa mauvaise jetée, qui ne sert aujourd'hui qu'à séparer de la mer quelques ares de vase où viennent s'échouer les barques des pilotes ! Le plus souvent les bateaux à vapeur qui font le service régulier de Bordeaux à Royan ne peuvent même pas entrer dans le port et s'arrêtent en dehors de la ligne des brisants, que les passagers doivent ensuite traverser en se confiant à de petites embarcations qui dansent sur les vagues. C'est à l'heure du flot seulement que les paquebots trouvent assez d'eau pour doubler péniblement l'extrémité du môle et venir s'amarrer aux anneaux de la jetée. Un semblable port n'est pas fait, on le comprend, pour attirer les navigateurs. Royan n'a pas même de communications régulières avec la rive opposée de la Gironde, qui cependant n'est pas éloignée de plus de 5 kilomètres. Quelques chaloupes de pilotes se rendent parfois au Verdon pour déposer ou prendre des marins, plus rarement une barque va porter des curieux à la Pointe-de-Grave; mais, le vent et la rame étant les seuls moteurs de ces embarcations, il arrive souvent que le passage de Royan à la côte du Médoc dure aussi longtemps que la traversée moyenne du Pas-de-Calais : on dirait que l'embouchure de la Gironde est un détroit séparant deux continents, tant les rapports et les échanges sont peu fréquents d'une rive à l'autre. La construction d'une voie ferrée de Bordeaux à la péninsule du Bas-Médoc aurait pour effet immédiat de rapprocher les deux bords de l'estuaire girondin en créant un mouvement de voyageurs considérable entre la Pointe-de-Grave et Royan, avant-poste de toute la Saintonge.

Heureusement la ville de Royan peut attendre sans trop d'impatience les destinées que lui réserve l'avenir, car des milliers d'étrangers, attirés par l'amour de la nature ou simplement par la force de l'habitude, continueront à la visiter chaque année. Sa position exceptionnelle lui assure parmi les villes de bains une faveur constante, indépendante des caprices de la mode. Il est vrai que la plage la plus rapprochée des maisons est souillée par des eaux d'égout et par les immondices du port ; mais dans toutes les criques voisines le flot vient encore déferler sur des lits d'un sable pur, à peine mêlé de coquillages. En outre, les baigneurs peuvent graduer à volonté pour ainsi dire la force et la salure des vagues en choisissant entre la côte marine et le rivage de l'estuaire. Et puis la ville de Royan n'aura-t-elle pas toujours son doux climat capricieux et charmant, son beau ciel, où les rayons jouent sans cesse avec les .nuages? Ne garde-t-elle pas ses conches si gracieusement arrondies et ses promontoires incessamment battus des flots? Enfin peut-on lui ravir le spectacle de son fleuve, de l'Océan et du détroit où ils viennent mêler leurs eaux?

De grands écrivains ont déjà fait remarquer combien la nature de cette partie de la France offre de merveilleux contrastes. D'un côté on aperçoit la surface agitée de la mer, dont l'écueil et la haute tour de Cordouan surveillent l'entrée ; de l'autre s'étale jusqu'à

I. L'EMBOURCHURE DE LA GIRONDE ET LA PÉNINSULE DE GRAVE.

perte de vue la nappe tranquille de la Gironde. Les plages où le flot se déroule mollement en longs replis sur le sable alternent avec les falaises abruptes où les lames inégales et heurtées fouillent sans se lasser les rochers caverneux. La couleur et l'apparence de l'eau changent continuellement, comme si plusieurs fleuves, se croisant dans tous les sens, coulaient en un même lit. Les bancs de sable qui blanchissent vaguement sous les ondes vertes et transparentes, les courants maritimes qui se rencontrent et se mêlent diversement avec le jusant chargé de troubles, les bouffées de vent qui tracent sur l'estuaire un réseau de rides entre-croisées, les longues traînées d'écume qui se déplacent, enfin les contre-courants sous-marins qui refluent à la surface et s'épandent en nappes unies comme de l'huile, tous ces phénomènes changeans de l'atmosphère et de l'eau ne cessent de modifier le spectacle toujours grandiose présenté par l'embouchure de la Gironde. Le ciel incertain de ces climats, qui appartiennent à la fois au nord et au midi, ajoute encore à la beauté de tous ces changements imprévus. Sous l'influence des courants atmosphériques qui se rencontrent au-dessus de la mer, l'édifice des nuages change continuellement d'aspect : il s'entasse en dômes superposés, en pagodes fantastiques, puis il s'écroule, s'émiette et disparaît un moment pour se reformer bientôt après. Dans l'espace de quelques heures, on pourrait souvent se croire transporté des côtes dures et brumeuses de la Bretagne aux rivages resplendissants de la Méditerranée.

Pour bien se rendre compte de l'aspect de l'embouchure proprement dite, il faut prendre successivement pour observatoires toutes les falaises de la côte de Saintonge. De Royan, on voit directement en face la Pointe-de-Grave, le plus souvent voilée par l'embrun des vagues comme par la fumée d'un incendie. Du haut des rochers de Vallière, situés comme un énorme musoir entre la conche de Royan et celle de Saint-George, on distingue aussi avec une netteté parfaite la péninsule de Grave, que dominent ses dunes boisées; mais en outre on voit dans son ensemble l'espèce de lac formé par la Gironde en amont de son embouchure. En effet l'estuaire, dont l'entrée n'a que 5 kilomètres de Royan à la Pointe-de-Grave, s'élargit considérablement entre ses deux rives à mesure qu'il s'éloigne de l'Océan et bientôt atteint une largeur de 10 kilomètres pour se rétrécir ensuite graduellement. Nombre de grands fleuves américains ne s'unissent pas à la mer par un aussi large estuaire, et le Mississipi lui-même pourrait envier à la Gironde sa magnifique embouchure. Quand on la contemple, non du sommet d'un promontoire, mais simplement du bord de la plage, on ne distingue pas même en son entier le rivage opposé : quelques bouquets de pins, séparés les uns des autres par la ligne blanche des eaux lointaines, semblent former un archipel; le fleuve a pris l'apparence d'une mer semée d'îles et d'îlots. A ce spectacle grandiose, formé par la nappe immense de l'estuaire, s'ajoute le panorama de Saint-George avec ses dunes pittoresques, ses belles forêts et ses falaises surplombantes. La plage de Saint-George possède un charme secret pour retenir ou ramener tous ceux qui l'ont une fois visitée. C'est là peut-être le sens d'un ancien proverbe oublié de nos jours, d'après lequel tout homme qui avait détaché pour s'en nourrir un coquillage des rochers voisins était à jamais retenu comme par un aimant et ne pouvait plus abandonner le gracieux hameau.

Au point de vue hydrologique, la Basse-Gironde est plutôt un bras de mer que l'embouchure d'un fleuve. Il est important qu'on entreprenne bientôt une série d'observations régulières sur les eaux de l'estuaire pour connaître exactement la proportion de salure qu'elles contiennent dans leurs diverses couches à toutes les heures du flot et à toutes les saisons de l'année depuis la période de la crue jusqu'à celle de l'étiage. Le travail que de savants explorateurs américains ont achevé d'une manière si complète pour le Mississipi, ce « père des eaux » du Nouveau-Monde [8], il serait temps qu'on l'exécutât aussi pour le fleuve de notre vieille Aquitaine; il serait temps qu'on sût enfin, avec tous les détails exacts de nombre et de mesure, comment s'opère dans la Gironde le mélange des eaux transparentes de la mer et des eaux chargées de boue que la Garonne et la Dordogne apportent dans leur commune embouchure. Quoi qu'il en soit, il est certain que l'eau de l'estuaire est très fortement salée jusqu'à une grande distance en amont de Royan. A 10 kilomètres à l'est de cette ville, dans la conche vaseuse de Méchers, jadis recouverte par les eaux, on exploite des marais salants qui produisent chaque année environ 40 tonnes d'excellent sel. Sur la plage de la même conche, on a établi en 1800 des *claires* dans lesquelles on a déposé plusieurs milliers d'huîtres.

I. L'EMBOURCHURE DE LA GIRONDE ET LA PÉNINSULE DE GRAVE.

Ces mollusques ont parfaitement prospéré, et l'huîtrière compte déjà plusieurs millions de petits habitants : il faut donc que l'eau du fleuve soit en cet endroit beaucoup plus salée que celle de la mer Baltique et même du Cattégat, ainsi que le prouvent les récentes expériences de M. de Baer sur le degré de salure nécessaire au libre développement de l'huître. A l'est de Méchers et de Talmont, l'estuaire diminue considérablement en profondeur. Son lit, moins vaste et plus obstrué de bancs de sable, ne donne plus accès qu'à une partie du flot de marée, et l'eau du fleuve devient graduellement de moins en moins saumâtre, puis complètement douce. En même temps les troubles contenus dans le courant du fleuve s'accroissent en proportion et bientôt donnent à la surface entière de la Gironde l'aspect d'un immense lit de boue. C'est principalement sur la ligne sinueuse et changeante, où le flot de marée lutte contre le grand courant des eaux fluviales, qu'on peut se faire une idée de l'énorme quantité de matières en suspension apportées par la Garonne et la Dordogne réunies. Les diverses couches liquides, animées de vitesses différentes et chargées d'impuretés inégalement colorées, tordent les unes autour des autre n leurs longues traînées de boue qui ressemblent à des masses solides, les entre-croisent, les superposent de manière à former à la surface de l'eau jaunâtre des veines et des dessins pareils à ceux du plus beau marbre. De distance en distance, on voit comme des îlots noirâtres couverts de feuilles et de racines, bordés par de légères franges d'écume, apparaître soudain, puis se diviser et se fondre graduellement dans la masse des eaux moins impures qui les environnent. C'est là, peut-on dire, que cesse l'estuaire marin et que commence le fleuve.

IV. — LA PÉNINSULE DE GRAVE.

La Garonne est un fleuve normal, c'est-à-dire que dans la plus grande partie de son cours il empiète sur sa rive droite et délaisse en même temps sa rive gauche. La Gironde n'est pas moins régulière dans ses allures. Sur sa rive occidentale, toutes les chaînes de collines se terminent par des falaises abruptes que l'eau du fleuve force à reculer en rongeant incessamment leur base. Tandis que le flot attaque le pied des promontoires, les eaux de pluie entraînent les couches de terre végétale qui recouvrent la cime, pénètrent dans les interstices des assises calcaires et préludent, par un travail de désagrégation lente, aux écroulements soudains que déterminent les assauts violents des vagues pendant les jours de tempête. Si l'on doit en croire la légende, c'est ainsi que fut emporté l'ancien village de Gériost, qui s'élevait, dit-on, sur la pointe de Suzac, immédiatement à l'est de la couche de Saint-George; c'est ainsi que récemment encore le pittoresque village de Talmont, situé à l'extrémité d'une presqu'île rocheuse, s'écroulait pierre à pierre dans la Gironde, avant qu'on n'eût entrepris des travaux de défense. Au pied de chacune des falaises qui dominent le cours du fleuve, on peut apercevoir, pendant les heures du reflux, un *platin* de rochers qui s'avance au loin dans les eaux : ce banc couvert d'algues est l'ancienne base de la falaise, que les flots ont sapée à la hauteur moyenne du niveau des basses mers; ses contours sont les mêmes que ceux des rivages disparus depuis longtemps, et permettent à l'observateur de mesurer d'un coup d'œil l'étendue des conquêtes de l'estuaire. De tous les promontoires de la Basse-Gironde, le plus remarquable est celui de Méchers, qui se dresse directement en face du Verdon. Non moins belles, mais plus faciles à visiter que ces parois perpendiculaires des bords du Mississipi et du Missouri, auxquelles l'éloignement prête un si grand intérêt de curiosité, les falaises de Méchers se composent d'assises inégalement friables et d'une épaisseur à peu près uniforme. Les intempéries ont fouillé ces strates en y perçant de distance en distance des rangées d'arcades en plein cintre qui font ressembler les rochers aux façades de palais cyclopéens. Un peu au-dessus du niveau du fleuve, les vagues de la Gironde, aidées probablement par les eaux de source qui filtrent du plateau supérieur, ont creusé des grottes profondes, véritables portes qui contribuent à l'aspect architectural de l'ensemble. De l'une de ces ouvertures jaillit un petit ruisseau bondissant en cascatelles au milieu des pierres.

A l'érosion de la rive orientale correspond l'envasement de toutes les parties basses de la rive opposée. De vastes marécages, qui jadis étaient le lit du fleuve et que les eaux ont graduellement abandonnés, pénètrent au loin dans l'intérieur de la péninsule du Bas-Médoc : tels sont les polders de la Petite-Flandre desséchés par les Hollandais dans la première moitié du XVIIe siècle; tels sont aussi les terrains humides de Saint-Vivien et les marais salants de Verdon, exploités encore à une époque récente. Toutes ces

I. L'EMBOURCHURE DE LA GIRONDE ET LA PÉNINSULE DE GRAVE.

anciennes plages, coupées de fossés et de canaux, sont tellement basses que de loin on peut les confondre avec la surface des eaux. Le point culminant de tout le pays, qui était encore une île de la Gironde il y a deux siècles à peine, s'élève à la modeste altitude de 12 mètres au-dessus du niveau de la mer, et cependant, si l'on en croit l'opinion générale, qui semble assez plausible, les habitants du Médoc auraient orgueilleusement consacré cette île à Jupiter (*Jovis*), que rappelle encore le nom de Jau donné à l'ancienne île et au village qu'elle porte. Plus à l'ouest, sur le bord de l'Atlantique, s'étend un rideau de petites dunes boisées, dont les cimes ne sont pas même assez hautes pour cacher complètement à la vue les navires engagés dans la Passe-de-Grave. Pendant la nuit, quand du haut des rochers de Saint-George on dirige ses regards vers la péninsule du Bas-Médoc, on voit souvent par-dessus la chaîne des dunes le fanal d'une embarcation glissant au bord de l'horizon comme une étoile solitaire.

C'est immédiatement au nord des marais salants de Verdon que se trouve la péninsule de Grave proprement dite, massif triangulaire de dunes, offrant environ 4 kilomètres carrés de superficie et se rattachant au plateau des landes de Gascogne par un isthme étroit. Limitée d'un côté par la mer, ailleurs par l'estuaire de la Gironde et par la zone des marais, elle présente en miniature la plus grande analogie de forme avec cette presqu'île de Hollande qu'entourent la Mer du Nord, le Zuyderzée et les polders de Harlem. Vues de la mer, les dunes de Grave, pittoresquement groupées autour d'une grande cime conique haute de 41 mètres, prennent l'aspect d'un hardi promontoire, et l'on pourrait aisément se figurer qu'elles sont le poste avancé d'un pays de montagnes. Une belle forêt de pins, coupée dans tous les sens de garde-feux et de petits chemins de fer, recouvre le massif, et par ses teintes d'un vert sombre contribue à lui donner une apparence de grandeur et de solennité.

Aucune des terres qui bordent l'estuaire de la Gironde n'a, pendant les temps historiques, subi plus de vicissitudes que la péninside de Grave. De récentes découvertes géologiques prouvent même qu'elle s'est à peu près complètement déplacée. Elle occupait la partie de la mer qui forme aujourd'hui la Passe-de-Grave, tandis que le fleuve étalait sa nappe d'eau là où s'élèvent actuellement les dunes boisées du Verdon. Sur la plage qui s'étend des bains du Vieux-

Soulac à la Pointe-de-Grave, la mer rejette souvent des couches d'argile exactement semblables à celles que dépose la Gironde; on a même découvert des pieds de vigne attachés encore au sol qui les porta. Enfin M. Robaglia, l'ingénieur actuel de la Pointe-de-Grave, a découvert dans l'argile cachée sous le sable de la plage quelques fossés, des troncs de saules, puis un trou qui semble avoir servi d'abreuvoir et autour duquel étaient empreintes les marques nombreuses de pas d'hommes et de bœufs. Comment s'expliquer la présence de ces couches d'argile, de ces pieds de vigne, de ces troncs de saules, de cet abreuvoir, si ce n'est en acceptant l'hypothèse de M. Robaglia, d'après laquelle le bord actuel de la mer ne serait autre chose que l'ancien rivage de la Gironde ? Ainsi pendant le cours des siècles le système entier, mer, plage, dunes, marais et fleuve, s'est graduellement déplacé. L'Océan n'a cessé de gagner dans la direction de l'est, poussant devant lui les dunes [9], qui refoulaient à leur tour la rive gauche du fleuve, tandis que celui-ci rongeait les collines de sa rive droite. En comparant la forme actuelle de la péninsule à ses anciens contours, on dirait qu'elle a tourné sur sa base comme sur une charnière pour s'incliner constamment vers la droite et décrire avec sa pointe un grand arc de cercle sur la surface de l'estuaire girondin. Puisque la presqu'île changeait de place comme un navire à l'ancre que font dériver les vagues, les villes et toutes les constructions qu'elle portait étaient d'avance vouées à la ruine. Ainsi périt la cité de Noviomagus, ce grand *emporium* que cite Ptolémée, et que l'on dit avoir été emportée par une terrible tempête vers la fin du VIe siècle. En 1625, le père Monnet prétendait distinguer les vestiges de l'antique cité au fond des eaux qui baignent l'écueil de Cordouan, et peut-être existe-t-il encore de nos jours des marins imaginatifs qui se penchent au bord de leurs embarcations pour apercevoir des restes de tours et de maisons noyées [10]. C'est au milieu des dunes de la presqu'île de Grave que se trouvaient aussi, dans le moyen âge, le village des Monts, les prieurés d'Extremeyre et de Sainte-Foy, le château de la famille de Montaigne et plusieurs, hameaux actuellement enfouis sous les flots ou sous les sables. Au sud de l'isthme étroit qui rejoint au continent les massifs des dunes de Grave, de grands et terribles changements se sont également opérés. A l'époque de la domination anglaise, la ville de Soulac groupait ses habitations nombreuses à la base

I. L'EMBOURCHURE DE LA GIRONDE ET LA PÉNINSULE DE GRAVE.

orientale des dunes et sur la rive gauche de la Gironde, qui coule aujourd'hui à plus de 4 kilomètres à l'orient. Un vieux parchemin rappelle les noms de vingt rues de l'ancien Soulac, presque toutes désignées d'après les villes ou les contrées avec lesquelles trafiquait la cité commerçante. Grâce à son heureuse situation et à la faveur de ses maîtres étrangers, elle était devenue la puissante gardienne de l'embouchure de la Gironde et l'intermédiaire des échanges entre Bordeaux et l'Angleterre : les flottes mouillaient dans sa rade, et c'est là qu'au milieu du XIIIe siècle Henri III vint s'embarquer avec sa suite pour se rendre à Portsmouth. Mais, tandis que Soulac nouait ou développait ses relations avec le reste du monde, la rivière se retirait peu à peu vers l'est. En même temps la redoutable chaîne des dunes, qu'on avait négligé de fixer ou que peut-être on avait déboisée, s'avançait graduellement, poussée par le vent de la mer. Déjà elle avait atteint l'extrémité de la ville et commencé l'ensablement des maisons, lorsqu'un violent orage la fit marcher comme à l'assaut, et les habitants de la Pompéi girondine eurent à peine le temps de s'enfuir en emportant leur avoir. Le nouveau Soulac, fondé par les fugitifs à près de 2 kilomètres au sud-est de la cité ensevelie, n'a jamais égalé la prospérité de son aîné ; ce n'est aujourd'hui qu'un mince village sans importance. Cependant le Vieux-Soulac n'a pas disparu tout entier et peut encore nous offrir, en témoignage de son antique splendeur, une belle église, jadis consacrée à Notre-Dame-de-la-Fin-des-Terres. Cet édifice, qu'on avait bâti à 800 mètres à l'ouest de la ville afin de le rendre visible aux navigateurs du golfe, ne fut que partiellement englouti par les sables, et servait encore au culte pendant le cours du siècle dernier ; sa tour croulante ne cessa point d'être le principal point de repère pour les navires, et de nos jours encore une liante balise, élevée à la place de l'ancien clocher, est le premier signal que reconnaissent les marins en s'engageant dans la passe, entre la côte de Grave et Cordouan. Longtemps les dunes roulèrent librement leurs flots à côté de l'église sans pouvoir en saper les murs épais, et lorsqu'on eut enfin arrêté la marche des sables par des semis de conifères, la vieille construction du moyen âge, à demi enfouie dans un talus aux flancs inclinés, dressait toujours au-dessus de la dune la voûte de sa grande nef et son abside en partie effondrée. Ces remarquables restes tinrent en éveil pendant de longues années la curiosité des archéologues, et ce fut seulement dans le courant de l'année 1859 qu'on ouvrit la première tranchée de déblais à la base de la dune. Grâce à l'initiative désintéressée de M. Amédée Kérédan [11], les travaux sont aujourd'hui complètement achevés, et l'église du Vieux-Soulac se montre à nous tout entière, plus belle qu'elle ne le fut jamais, car la nature s'est chargée d'orner les ruines et de les embellir de sa propre beauté.

Ce remarquable débris du moyen âge s'élève immédiatement à côté de la route qui mène à un petit village de bains récemment construit sur la plage du golfe de Cordouan. Éloignée de quelques centaines de mètres du village qui lui doit en grande partie sa réputation, l'église est, pendant la belle saison, le principal but de promenade, et des groupes de visiteurs se montrent sur tous les talus de sable des tertres environnans. Des plus élancés entourent presque complètement la tranchée au fond de laquelle se trouve l'église, et par leur feuillage sombre font ressortir la blancheur éclatante de ces murs que recouvrait naguère une couche épaisse de sable. Une ligne sinueuse marquée au-dessus du toit par une multitude de plantes sauvages et par la nuance rougeâtre de la pierre, indiquent la hauteur précise à laquelle la dune s'élevait autour de l'édifice; des giroflées poussent dans les lézards de la corniche; de petits arbustes ombragent ce qui reste du toit, et des ronces s'y développent en guirlandes; un pin a même poussé l'audace jusqu'à prendre possession du monument, au nom de dame nature, en implantant victorieusement ses racines sur la voûte à demi effondrée de l'abside. A l'intérieur, l'église n'offre pas une vue moins pittoresque. Le sol des trois nefs et du chœur est une surface de sable blanc que le vent redresse en légères éminences; çà et là germent des touffes de gazon; quelques plantes se hasardent dans les fentes des murs ; les rayons du soleil descendent comme des flèches à travers les voûtes lézardées et bariolent de leurs lignes parallèles les lourds piliers romans. Des figures bizarres, entremêlées de feuillages, grimacent encore sur tous les chapiteaux de la grande nef, tandis que dans le chœur des sculptures d'un travail très délicat sont éparses au milieu des orties. Des trois ogives qui éclairaient l'abside, une seule est debout et se dresse comme une espèce d'arc-de-triomphe, laissant pénétrer dans l'édifice un flot de lumière, et permettant de voir onduler

I. L'EMBOURCHURE DE LA GIRONDE ET LA PÉNINSULE DE GRAVE.

dans la foret des couronnes de pins. Telle est cette ruine curieuse arrachée aux sables de la dune. Malheureusement il est à craindre que la déplorable manie des restaurations ne gâte ce beau reste de la civilisation anglo-gasconne et ne le transforme en une mesquine église de style bâtard. Déjà l'un des bas côtés a été décoré de plâtres modernes et d'images dorées, des lierres opulents qui tombaient de la voûte en nappes de verdure ont été soigneusement coupés, plus tard sans doute on jugera convenable d'abattre le pin et les autres arbustes qui contribuent si merveilleusement à la beauté pittoresque de l'édifice.

Si les dunes de Grave et de Soulac, désormais fixées, n'ont plus englouti de villes ni de monuments dans les temps modernes, en revanche la mer n'a cessé d'empiéter sur le continent. Bien que les anciennes cartes de l'embouchure de la Gironde ne puissent nous donner qu'une idée approximative des contours du rivage aux diverses époques, néanmoins la comparaison de tous ces documents semble prouver que, sous l'influence d'une cause inconnue, l'œuvre d'érosion, d'abord assez lente, s'est rapidement accélérée pendant les soixante dernières années, menaçant de transformer, dans un avenir peu éloigné, toute l'économie des passes de la Gironde. L'ingénieur, actuel de la Pointe-de-Grave, M. Robaglia, a retrouvé un vieux rapport, datant probablement de 1740, dans lequel on exprime la crainte que la mer ne pénètre un jour entre le Verdon et Soulac, et que la péninsule de Grave «ne demeure île entourée d'eau. » Cependant les cartes de Cassini et de Belleyme, relevées avec le plus grand soin pendant la révolution française, indiquent une ligne de côtes presque droite, offrant à peine quelques légères endentations là où de nos jours la mer a fait reculer le rivage de plusieurs centaines de mètres. C'est donc principalement pendant le cours de notre siècle que se sont opérées les remarquables modifications de contours subies par la plage maritime de la péninsule. Un groupe d'écueils, connu sous le nom de rochers de Saint-Nicolas, a défendu comme un bouclier la partie la plus avancée de la côte ; mais au nord et au sud de cet éperon les flots de la mer n'ont cessé de ronger et d'emporter les dunes. D'un côté, c'est la Pointe-de-Grave que l'assaut des vagues force à reculer; de l'autre, c'est l'anse des Huttes qui s'arrondit de plus en plus aux dépens de la chaîne des dunes.

On sait exactement de combien se sont déplacés les rivages depuis l'année 1818. A cette époque, la Pointe-de-Grave s'avançait dans le golfe de Cordouan à 720 mètres au nord-ouest de sa position actuelle. De 1818 à 1830, elle recula de 180 mètres, ou de 15 mètres par an. De 1830 à 1842, elle perdit annuellement près de 30 mètres. De 1842 à 1846, lorsque les ingénieurs avaient enfin engagé la lutte contre la mer, les flots, dans leur marche triomphante, avancèrent de 190 mètres, c'est-à-dire de près de 48 mètres dans une seule année. Maintenant on jette la sonde à plus de 10 mètres de profondeur là où naguère la plage développait ses contours. Toutes les constructions élevées à l'extrémité de la pointe ont dû être successivement démolies et réédifiées dans l'intérieur de la presqu'île. Le phare de Grave en est à son troisième emplacement, et, pour se mettre à l'abri contre l'assaut des flots, a dû se réfugier à plusieurs centaines de mètres derrière la racine de la jetée. L'ancien fort qui défendait l'entrée de la Gironde a été également renversé par les vagues, et l'on aperçoit encore, aux plus basses mers des équinoxes, des canons et des mortiers gisant sur le sable humide. En 1846, la largeur du détroit qui sépare l'écueil de Cordouan de la péninsule du Bas-Médoc s'était exactement accrue d'un dixième dans l'espace de vingt-huit années. Si pendant les siècles précédents l'érosion graduelle des rivages se fût opérée avec la même rapidité, deux cent cinquante années environ eussent suffi pour le creusement de tout le détroit, et le rocher de Cordouan eût encore fait partie du continent en 1566, moins de vingt années avant l'époque où Louis de Foix travaillait à la construction du phare [12]. Or, comme on ne saurait douter que Cordouan ne fût alors bien certainement une île déjà ancienne, il est évident que les progrès de la mer étaient jadis beaucoup plus lents qu'au commencement de ce siècle. Il est probable que la violence des vagues se brisa longtemps, et peut-être pendant des centaines d'années, contre l'ancienne Pointe-de-Grave, qui est aujourd'hui remplacée par le Platin, banc de sable et de gravier situé à plus d'un kilomètre au nord-ouest de la pointe actuelle. C'est sur le prolongement du Platin que se trouve le Saut-de-Grave, ainsi nommé parce que les vagues de marée et les eaux du courant de retour, connu sous le nom de Déroc, viennent s'y entre-choquer avec fureur.

Tandis que la mer rongeait l'extrémité de la presqu'île, elle

I. L'EMBOURCHURE DE LA GIRONDE ET LA PÉNINSULE DE GRAVE.

cherchait en même temps à en percer la base. Au sud des rochers de Saint-Nicolas, exactement là où se trouve la partie la plus étroite de l'isthme qui réunit le massif de Grave au Médoc, les flots étaient occupés à creuser une large échancrure connue sous le nom d'anse des Huttes. De 1825 à 1854, la plage reculait de 350 mètres, soit d'environ 12 mètres par an. Au moment des basses mers, l'isthme des Huttes, qui se développe entre l'Océan et les marais salants du Verdon, avait encore 400 mètres de largeur; mais à l'heure du flot cette largeur était réduite à 290 mètres, et quand la tempête fouettait les vagues, celles-ci lançaient leur écume jusqu'au sommet des dunes de l'isthme étroit. Encore vingt-cinq années d'une marche aussi rapide, et l'Atlantique rompait enfin la frêle digue de sable que lui oppose le continent; il s'épanchait dans les marais de Soulac et du Verdon, et transformait en île tout le massif de Grave. La Gironde se réunissait à la mer par une deuxième embouchure, une nouvelle passe se creusait peut-être, et la génération actuelle pouvait contempler des phénomènes géologiques semblables à ceux qui s'accomplirent lorsque l'île de Cordouan, détachée du continent, se changea graduellement en écueil. Quelle influence le creusement d'une troisième passe eût-il exercée sur le régime de l'embouchure? Eût-il, comme semblent le craindre les hommes de l'art, diminué la force du jusant et contribué par suite à l'exhaussement des bancs de sable? Eût-il, au contraire, facilité le déblaiement des vases d'alluvions en ouvrant aux flots de la mer une nouvelle entrée plus courte et plus directe que les deux autres? On ne sait: mais, dans l'ignorance des résultats qu'aurait pu produire à la longue la formation de es troisième chenal, le plus simple était de maintenir l'état de choses actuel et d'assurer, par le salut de la péninsule de Grave, l'existence des deux excellentes passes que possède déjà l'embouchure de la Gironde. Il fallait aussi prévenir la ruine de toutes les propriétés publiques et privées situées sur la presqu'île; enfin, chose bien plus importante encore, il fallait laisser aux navires l'abri précaire que leur offre la rade du Verdon, déjà trop exposée à la violence des vents d'ouest par suite de l'érosion constante de la Pointe-de-Grave. C'est donc à bon droit qu'on résolut d'accepter la lutte avec l'Océan et de cuirasser la péninsule contre ses assauts à force de digues et de remparts. Une loi votée en 1839 affecta un premier crédit de

2,500,000 fr. à l'exécution des travaux de défense.

Cependant la mer est une terrible ennemie, et l'on peut facilement comprendre l'embarras des ingénieurs chargés de lui résister. A la Pointe-de-Grave, les courants, qui viennent se briser l'un contre l'autre pour heurter ensuite leur lames entre-croisées sur l'extrémité lie la péninsule, produisent pendant les gros temps une effroyable mêlée de flots que les navires ne traversent point sans danger. A l'anse des Huttes, les vagues, poussées comme d'énormes catapultes contre la base des dunes, n'obéissent, il est vrai, qu'à l'impulsion d'un seul courant; mais à ces vagues vient s'ajouter parfois l'action de ces terribles lames de fond qui bouleversent si énergiquement les plages. C'étaient là les obstacles qu'il fallait surmonter, c'était là cette mer à laquelle on devait interdire d'aller plus loin! Avant de se mettre à l'œuvre, on entreprit de longues recherches pour connaître approximativement les lois spéciales qui régissent les eaux désordonnées du golfe; mais toutes les études préparatoires n'empêchèrent pas les opinions individuelles d'entrer en conflit, et peut-être la divergence de vues fut-elle cause d'une certaine hésitation dans la création du plan. Cette hésitation, d'ailleurs si naturelle en présence de semblables difficultés, a dû nécessairement se retrouver plus tard dans l'exécution, d'autant plus que depuis vingt ans le personnel des ingénieurs a plusieurs fois changé. Il en résulte dans l'aspect général des travaux quelque chose d'incohérent et d'incomplet. En certains endroits, on croirait avoir sous les yeux, non pas un ensemble dont tous les détails doivent concourir au même but, mais plutôt des constructions éparses n'ayant entre elles aucun rapport.

La partie la plus pressée de l'œuvre consistait à masquer la partie faible de l'anse des Huttes. On emprunta aux Frisons l'idée de ces épis en pierres et en palissades qu'ils enracinent au pied des monticules du rivage, et prolongent au loin dans les flots perpendiculairement à la côte. Pour protéger à la fois la plage de l'anse et la terre plus avancée qui s'étend à 1 kilomètre vers le sud, on construisit treize jetées parallèles, distantes en moyenne d'environ 200 mètres et longues de 160 à 180 mètres. Ces épis se composent de levées d'une argile compacte, revêtues de pierres solidement agencées. Recouvertes à leur origine par la base des dunes, elles arrondissent au-dessus de la plage leur vaste des construit en forme de voûte, et

I. L'EMBOURCHURE DE LA GIRONDE ET LA PÉNINSULE DE GRAVE.

se terminent du côté de la mer par une espèce de plateau très élargi, qui va rejoindre le fond de l'eau sous un angle aigu. L'extrémité maritime de chaque épi est cuirassée contre l'assaut des vagues par des fascines en bois de pin, que retiennent des pieux boulonnés s'enfonçant à 5 mètres dans le sable. Tressées ensemble connue une énorme natte, ces fascines entre-croisées n'opposent qu'un seul et puissant grillage à la violence des lames : plus fortes qu'un mur de pierre, elles résistent à la fois par leur élasticité et la cohésion de toutes leurs parties. De loin, on dirait le dos hérissé d'épines d'un grand animal de mer : les flots déferlent en mugissant sur ces innombrables pointes, rejaillissent en longues fusées d'écume, et laissent retomber les masses de sable qu'ils tenaient en suspension. Retardées par les obstacles que leur opposent les extrémités des épis et ne pouvant développer aisément leur masse entre les deux môles, les vagues ne viennent plus heurter la plage avec toute leur fureur. En même temps le courant latéral qui se dirige du sud au nord, parallèlement à la côte de Médoc, ne peut plus exercer sa force d'érosion. Rencontrant devant lui la rangée parallèle des épis, il se contente d'en cacher le versant méridional sous une couche de sable; au lieu de renverser les dunes du rivage, il en fortifie les approches.

La connaissance de ces faits donnait bon espoir aux ingénieurs, et cependant, quand les jetées d'argile et de pierres furent construites et consolidées par leurs revêtements de fascines, ils s'aperçurent que les épis du nord, situés dans l'anse des Huttes, n'étaient pas de force à résister à la mer pendant les jours d'orage. Une jetée céda, puis une autre. Il fallait donc recourir promptement à un autre système de défense, tout en maintenant avec soin les épis construits sur la partie rectiligne de la plage. La construction d'une digue parallèle au rivage de l'anse des Huttes fut décidée. Pour prendre un solide point de départ, le directeur des travaux fit commencer les enrochements à la base d'un monticule de 15 mètres d'élévation qui se dresse en forme de promontoire à l'extrémité méridionale de l'anse, puis, donnant à la muraille une légère inflexion vers la rive, il la prolongea aussi rapidement que possible en la fortifiant du côté de la mer par des blocs de pierre abandonnés à leur propre poids. Pendant le cours des travaux, les orages et les vagues de marée assiégèrent souvent la digue et la rompirent en divers endroits;

mais les ouvriers, luttant avec succès contre les flots, purent fermer les brèches et consolider les parties de la muraille qui s'étaient abaissées. En mars 1847, après cinq années d'un combat sans cesse renouvelé entre la nature et l'homme, la digue, longue de 1,100 mètres, était enfin achevée, et semblait interdire désormais aux brisants l'approche des dunes. Déjà les ingénieurs se félicitaient de leur œuvre et croyaient avoir dompté l'Océan, lorsque, peu de semaines après l'achèvement complet des travaux, une terrible tempête du sud-ouest déchaîna toutes les eaux du golfe contre la côte du Médoc ; les derniers épis de l'anse furent balayés comme des fétus de paille, et la plus grande partie de l'énorme digue fut rompue, emportée, anéantie par les flots exaspérés.

Ainsi la plage des Huttes était de nouveau exposée aux attaque des lames, et le percement de l'isthme allait recommencer de plus belle. Pour fermer le passage à la mer, on eut à peine le temps de construire au fond de la concavité du rivage des Huttes une espèce de pyramide formée d'énormes blocs en béton pesant chacun plusieurs milliers de kilogrammes. Ce musoir aux degrés gigantesques résista solidement aux flots qui l'assaillirent; mais il restait seul chargé de défendre la plage, et l'Océan menaçait de le tourner pour continuer au-delà son œuvre d'érosion. En 1853, après douze années de luttes incessantes soutenues contre les flots, les ingénieurs constataient tristement que tous leurs travaux étaient anéantis, à l'exception du musoir, d'une partie de l'ancien *perré*, longue de 310 mètres, et de sept épis situés sur la plage qui se prolonge au sud vers les bains du Vieux-Soulac. Encore ces épis étaient-ils plus ou moins entamés, et deux d'entre eux avaient perdu leur plateau terminal. La plage de l'anse des Huttes avait reculé de 25 mètres, et, bizarres témoins des envahissements de la mer, deux puits qu'on avait creusés et maçonnés dans le sable des dunes, près des rochers de Saint-Nicolas, étaient déchaussés jusqu'à la base, et se dressaient comme des tours au bord des flots. La victoire avait été chèrement disputée par l'homme; mais c'était la mer qui l'avait obtenue. Les millions dormaient au fond des eaux.

L'insuccès des premières tentatives étant désormais constaté d'une manière éclatante, il fallait nécessairement appliquer à l'anse des Huttes un troisième système de travaux protecteurs; mais, pour opérer en certitude de cause, on entreprit une nouvelle série

I. L'EMBOURCHURE DE LA GIRONDE ET LA PÉNINSULE DE GRAVE.

d'observations très minutieuses sur les allures des eaux marines et les moindres changements du rivage. Au moyen de sondages réguliers, on étudia l'effet des vents et des tempêtes sur les contours sous-marins des bas-fonds; on planta des rangées de pieux de distance en distance sur le sable de la plage afin de pouvoir dresser chaque mois le profil de la côte avec ses ensablements et ses reliefs : avant de recommencer la lutte avec la mer, on essaya de faire intime connaissance avec elle. Enfin il fut résolu qu'au lieu de construire un simple perré, comme on l'avait fait déjà, on élèverait contre les flots un véritable brise-mer, prenant son origine à l'extrémité méridionale de la baie pour aller rejoindre au nord les inébranlables rochers de Saint-Nicolas. Parallèlement à l'ancien perré, mais plus avant sur le bord de la mer, l'ingénieur fit enfoncer dans le sable une double rangée de pieux, et, les réunissant les uns aux autres par des poutres transversales, forma ainsi un énorme cadre qu'il fit remplir de fascines entrelacées. Puis, en avant de ce rempart improvisé, on lança des cubes de béton du poids de plusieurs tonnes pour former une espèce de talus en pente douce dont la longueur est égale à dix fois la hauteur du brise-lames. En outre il fut décidé que les clayonnages, menacés par le travail incessant des tarets, seraient peu à peu remplacés par de puissantes digues maçonnées. et les allocations annuelles du budget furent consacrées à cette transformation. L'Océan n'a point encore franchi la barrière qu'on lui a posée, et l'on peut espérer désormais qu'il la respectera. Cependant les vagues, qu'on dirait acharnées à la destruction de cet obstacle qui les gêne, usent tour à tour de force et de ruse pour en venir à bout. Elles déplacent les blocs de béton, enlèvent les sables, lézardent les murailles, y poussent dans tous les sens leurs travaux de sape et de mine, dénouent ces fascines si habilement tressées, et bondissent par-dessus les constructions pour attaquer la plage qui s'étend au-delà. Pour combattre l'effet de ces dégradations continuelles, il faut aussi de continuelles réparations ; mais un nombre d'ouvriers peu considérable suffit à ce travail d'entretien. Au besoin, si la mer venait encore à se frayer un passage à travers une partie de la jetée, on pourrait encore l'arrêter au moyen d'une seconde pyramide de blocs semblable à celle que l'on a déjà élevée et qui restera comme un monument séculaire de la puissance des flots dans le golfe de Cordouan.

A la Pointe-de-Grave, la lutte n'a guère été moins vive entre à mer et la volonté de l'homme. Pour défendre la plage contre les érosions, le premier ingénieur chargé de la direction des travaux appliqua aussi le système des épis perpendiculaires à la côte. Sur la partie du rivage maritime qui s'étend à 2 kilomètres au sud de la Pointe-de-Grave proprement dite, il fit construire à des distances respectives d'environ 150 mètres quatorze épis semblables à ceux de l'anse des Huttes, mais un peu moins longs. A la pointe même, il remplaça l'épi par une jetée de 120 mètres de long, composée de blocs artificiels et naturels pesant chacun de 800 à 2,400 kilogrammes. Ces blocs, qu'on a précipités dans la mer du haut des wagons de transport, se sont entassés les uns sur les autres de manière à former des deux côtés de la jetée des talus qui ressemblent aux éboulis rocheux des montagnes. Les pierres de la base qui supportent la masse énorme du brise-lames restent dans un pittoresque désordre, tandis que les blocs supérieurs, cimentés au moyen de chaux hydraulique, portent une large chaussée sillonnée par des voies de fer. L'extrémité sous-marine de la jetée se continue au loin sous les eaux par des entassements de rochers que des chaloupes viennent déposer quand la mer est favorable. Telle est cependant la violence des lames que ces rochers, qui pèsent en moyenne près de 2 tonnes, sont très souvent déplacés par le choc du jusant et du flot de marée, et sont entraînés en dérive dans la direction du large. Sous le choc des vagues, la jetée elle-même se fendille çà et là dans toute sa largeur, et les ouvriers doivent de temps en temps recharger les talus, maçonner les lézardes, consolider les blocs dont l'équilibre est menacé; parfois aussi les eaux creusent sous les rochers de la base de profondes cavernes : il faut alors descendre à marée basse pour boucher les excavations, en fortifier les abords, en interdire l'approche à l'ennemi.

Irritée de l'obstacle infranchissable que lui oppose le puissant brise-lames de la pointe, la mer s'est acharnée des deux côtés à la fois sur la langue de sable qui s'étend en arrière de la jetée. Sur le rivage maritime, elle a précisément emporté l'épi qui protégeait l'extrémité de la pointe, en laissant, comme par ironie, les pilotis indicateurs. Le danger était pressant; cependant on n'a pas encore eu le temps de reconstruire l'épi, parce que de l'autre côté de la pointe, sur la plage girondine, la mer était encore plus menaçante. Prenant le

I. L'EMBOURCHURE DE LA GIRONDE ET LA PÉNINSULE DE GRAVE.

rivage à revers, les vagues agrandissaient sans relâche la petite anse du Fort, et chaque tempête emportait des segments considérables de la côte. De 1844 en 1854, lorsque déjà la plage maritime était à peu près fixée, celle qui fait face à la Gironde recula de plus de 500 mètres, c'est-à-dire de 50 mètres par an. Encore quelques années, et la péninsule amincie était complètement percée, le phare et les autres édifices étaient emportés, et la jetée, séparée du continent, n'était plus qu'un écueil battu des flots. Il fallait à tout prix fermer le passage à la mer en construisant à l'anse du Fort un brise-lames semblable à celui qu'on avait déjà construit à l'anse des Huttes. Ce brise-lames, rivage de pierre destiné à remplacer l'ancienne plage de sable mobile, n'est pas encore complètement achevé; heureusement les vagues ont en cet endroit beaucoup moins de force que dans le golfe de Cordouan, et les deux tronçons de rempart qu'on leur oppose sont restés immobiles, bien qu'ils soient formés de blocs d'une assez faible dimension. Lorsque la digue de l'anse du Fort sera enfin terminée et reliera la Pointe-de-Grave à la Pointe-de-la-Chambrette, où l'eau du fleuve, loin d'envahir la côte, ne cesse de l'agrandir par ses dépôts de vase, on n'aura plus qu'à reconstruire les épis emportés, à réparer ceux qui se dégradent, à maintenir les brise-lames en bon état d'entretien. A la période de lutte, qui dure depuis plus de vingt années entre la mer et l'homme, succédera la période de simple surveillance [13]. Alors les habitants du Bas-Médoc, sans crainte de se voir un jour dépossédés par la mer, pourront endiguer hardiment et conquérir à l'agriculture cette vaste plage de vase qui s'étend du Richard au Verdon, et qui comprend plus de 3,000 hectares d'une terre excellente, élevée en moyenne de plus d'un mètre au-dessus des basses mers et par conséquent très facile à dessécher au moyen de fossés d'écoulement. Peut-être même qu'après avoir arrêté par une ceinture de pierre cette péninsule de Grave qui voyageait pour ainsi dire sur les flots, on saura faire servir une partie de ces travaux à l'intérêt immédiat de la navigation. En prolongeant de quelques centaines de mètres la grande jetée de la pointe, on pourra mettre l'anse du Fort complètement à l'abri des lames de l'Océan et faciliter ainsi l'établissement d'un petit port où les navires de 8 mètres de calaison se réfugieraient sans crainte. Il est à désirer que ce travail, avant-coureur d'améliorations encore plus importantes, puisse se réaliser dans un prochain avenir.

Quoi qu'il en soit, les travaux de la Pointe-de-Grave, une fois menés à bonne fin, donneront un démenti à cette superstition, générale dans le midi de la France, qui accorde aux flots une force irrésistible. La puissance des vagues océaniques, comme celle des ondes aériennes que pousse la tempête, peut être exactement évaluée en tonnes ou même en kilogrammes, et, pour vaincre leur effort brutal, l'homme n'a qu'à leur opposer une résistance égale ou supérieure, mesurée par ses calculs. C'est ainsi que les Hollandais, ces savants ingénieurs de la mer, ont pu sauvegarder leur territoire, qui s'enfonce graduellement au-dessous du niveau marin comme un navire qui fait eau : non-seulement ils ont appris à défendre leurs rivages contre les irruptions des vagues, mais ils se hasardent même à reconquérir le terrain perdu et chassent l'Océan du domaine qu'il avait envahi. Ce qui se fait sur les côtes de Hollande peut se répéter avec le même succès sur les plages du Médoc. Bien plus, il est probable qu'une connaissance approfondie des lois hydrologiques permettra un jour aux ingénieurs d'utiliser ces mêmes forces auxquelles ils résistent maintenant. Imitant des travaux accomplis déjà sur des fleuves plus faciles à régler, ils s'efforcent maintenant d'employer comme autant d'esclaves la marée, le jusant, le courant fluvial, pour leur faire recreuser les lits de la Garonne et de la Gironde, qui depuis un siècle se sont exhaussés d'une manière fâcheuse pour la navigation. Cette œuvre si utile peut certainement s'accomplir, mais on ne saurait discuter dès à présent les moyens employés pour atteindre le but, parce qu'elle est encore dans la période des essais et que les résultats acquis n'ont rien de décisif. Dans tous les cas, ce magnifique estuaire fluvial, le seul qui donne accès à un bon port, de Saint-Jean-de-Luz à l'île d'Oléron, mérite bien qu'on s'ingénie pour lui conserver l'importance assignée par la nature. La bouche de la Gironde n'est pas seulement l'avenue maritime de Bordeaux, mais encore celle de tout le sud-ouest de la France; elle sert d'entrée aux vastes bassins de la Garonne et de la Dordogne, ces deux fleuves puissants que les navigateurs appelaient autrefois les *Deux-Mers*, et forme une porte grandiose à ce grand chemin des peuples qui fait communiquer l'Atlantique avec la Méditerranée.

I. L'EMBOURCHURE DE LA GIRONDE ET LA PÉNINSULE DE GRAVE.

NOTES

1. Ce dernier nom rappelle la remarquable série d'études consacrées aux côtes de France par un des collaborateurs les plus regrettés de la Revue, M. J.-J. Baude. En traitant ici quelques-unes des questions scientifiques qui se rattachent à l'embouchure de la Gironde, nous essayons d'entrer dans la voie qui a été si bien ouverte.

2. Le feu de Cordouan fait sa révolution de minute en minute. Par un beau temps, les éclats sont visibles à 38 kilomètres en mer. Le feu de l'ancien phare avait une portée de 25 kilomètres seulement.

3. Livre II, chap. 7. Il paraît que le port des Saintongeois était autrefois visité par des navigateurs grecs qui venaient, dit-on, y chercher des résines, de l'absinthe, de la criste-marine. On a découvert près de l'embouchure de la Seudre un grand nombre de monnaies grecques. Enfin les immortelles qui tapissent les dunes, et dont la senteur parfume l'atmosphère, portent encore le nom grec d'aioné.

4. Voyez à ce sujet l'étude de M. de Quatrefages sur les côtes de Saintonge, Revue du 15 avril 1853.

5. Cette argile, qui est généralement connue sous le nom de bri, se compose, d'après M. Fleuriau de Bellevue, de 44 parties de silice, de 33 parties d'alumine et de 18 de carbonate de chaux.

6. Plage de sable développée en forme de conque marine. Les Italiens donnent le nom de conca aux plaines qui s'inclinent vers la mer entre deux promontoires rocheux. Les cuencas de l'Espagne sont des vallées circulaires environnées de montagnes.

7. 362,700 en 1857. Dans la même année, le mouvement des entrées et des sorties était pour le port de Royan de 7,300 tonneaux seulement.

8. Voyez le rapport si remarquable du capitaine Humphreys et du lieutenant Abbot, publié par ordre du gouvernement fédéral.

9. Les fourriers de la mer, comme dit énergiquement Montaigne.

10.   M. Raulin, auteur de la Géographie girondine, paraît disposé à chercher l'emplacement de Noviomagus dans les environs de Lesparre, où un bras de la Gironde, sinon la Gironde tout entière, coulait certainement autrefois, à une époque inconnue. D'autres écrivains croient que Noviomagus n'était autre que le Vieux-Soulac, où l'on a découvert beaucoup de médailles romaines.

11.   Il est à désirer que M. Amédée Kérédan publie bientôt son ouvrage sur le Bas-Médoc, la péninsule de Grave et l'écueil de Cordouan. Nul écrivain ne saurait décrire mieux que lui cette région, à laquelle il a consacré plusieurs années de recherches pénibles et coûteuses.

12.   Sur une carte de 1630, on lit que la distance de Cordouan à la côte de Médoc était de cinq mille pas, ce qui équivaut à 5,400 mètres environ. De nos jours, la distance est exactement de 6,950 mètres.

13.   Les travaux de la péninsule de Grave ont coûté depuis 1839 plus de 6,430,000 fr.

II. LES LANDES DU MÉDOC ET LES DUNES DE LA COTE

Notre beau pays de France, si remarquable entre tous par la variété de ses terrains et l'harmonie de ses contrastes, complétait autrefois par un véritable désert la série de ses régions géographiques. A peine avait-on quitté Bordeaux et son grand fleuve parsemé de navires, qu'on se trouvait dans une plaine sans bornes visibles, et couverte de plantes sauvages jusqu'à l'extrême horizon. Bientôt on se perdait dans la morne solitude, et l'immense espace n'offrait plus un signe qui rappelât l'existence de l'homme. En s'engageant au hasard sur cette plaine déserte, on risquait de voyager pendant des journées entières à travers les broussailles et les marais avant de rencontrer une misérable cabane, habitée peut-être par quelques malheureux tremblant la fièvre. De petites oasis, cultivées par des habitants sédentaires, se cachaient çà et là sur le bord des ruisseaux; mais la plus grande partie de la population se composait de bergers nomades, poussant devant eux leurs troupeaux de brebis. Telle était la ressemblance apparente entre les landes françaises et les déserts de l'Orient, que, sans tenir compte des différences du sol et du climat, on a diverses fois tenté d'acclimater le chameau dans les espaces qui s'étendent au sud de Bordeaux. C'est dans la zone septentrionale de cette région, jadis si désolée et maintenant si riche d'avenir, que nous voudrions aujourd'hui conduire le lecteur et continuer les recherches commencées, il y a déjà plusieurs mois [1], sur le littoral du sud-ouest de la France.

I.

Les landes ne comprennent pas seulement le département presque tout entier qui en tire son nom, elles embrassent aussi la moitié de la Gironde et l'angle extrême du Lot-et-Garonne. En outre on pourrait ajouter à cette région aux limites indécises quelques lambeaux de terrains analogues épars dans les départements sous-pyrénéens et même dans la Saintonge, au nord de l'estuaire de Gironde. En ne tenant point compte de ces îlots sporadiques de bruyères et d'ajoncs, et en défalquant la partie du territoire landais déjà boisée ou mise en culture, on évaluait en 1860 la superficie des landes proprement dites à près de 650,000 hectares. Sur cet espace considérable, les landes du Médoc, comprises dans la sous-région parfaitement déterminée que limitent l'Océan, le bassin d'Arcachon, le chemin de fer de Bordeaux à La Teste, et le cours de la Gironde, occupent environ 80,000 hectares. Ancien lit de la mer à une époque géologique antérieure, les landes du Médoc constituent une espèce de plateau de forme triangulaire, bombé au centre « comme la carapace d'une tortue, » et s'abaissant en pente douce d'un côté vers la Gironde, de l'autre vers les étangs du littoral. L'élévation moyenne de ces plaines au-dessus du niveau de la mer est de 40 mètres.

Depuis quelques années, le travail de l'homme a beaucoup fait pour reconquérir ce vaste domaine, autrefois si négligé; mais encore en bien des endroits la lande rase se montre dans son auguste et triste majesté aux rares piétons qui la parcourent à l'aventure, soit pour abattre quelque gibier, soit uniquement pour s'égarer dans la solitude, loin de tous les bruits humains. Le paysage y manque de variété, mais il a toujours de la grandeur et même un certain charme. Autour de soi, dans l'espace limité que la ligne de l'horizon entoure de sa circonférence uniforme, on voit une immense forêt de *brandes* et d'autres bruyères d'espèces diverses s'élevant à 1 ou 2 mètres au-dessus du sol. Dans la saison des fleurs, ces plantes mêlent une légère nuance de rose à leur verdure délicate, mais elles sont toujours hérissées d'une multitude de brandilles dégarnies de feuilles, et noires comme si le feu les eût calcinées. Ailleurs la fougère plus haute s'est emparée du sol, et remplit l'atmosphère de son odeur pénétrante. Plus loin viennent des champs d'ajoncs et de genêts qui fleurissent ensemble au printemps, et couvrent la plaine d'un immense voile d'or. Des mousses, des graminées, des ronces, croissent sur le bord des sentiers; des nénufars et d'autres plantes aquatiques dorment à la surface vaseuse des lagunes; des bouquets de joncs et de carex croissent dans la terre spongieuse des flaques d'eau. C'est là tout. A peine à l'extrême horizon peut-on distinguer une ligne d'un vert bleuâtre indiquant la lisière d'une forêt de pins.

Le silence est grand dans ces espaces inhabités. Au lever et au coucher du soleil, les oiseaux de la lande, aussi bien que ceux des bois, gazouillent leurs chants de salut ou d'adieu; mais dans la journée on n'entend que le sempiternel grincement du corselet des cigales, ce bruit si monotone qu'à la fin l'oreille cesse de le percevoir. La tristesse solennelle de la plaine rappelle parfois celle de l'Océan, et quand la brume efface les objets lointains, on pourrait facilement se croire au milieu d'un banc de sable assiégé par les eaux. D'autres circonstances contribuent à cette illusion. Sur la surface horizontale des landes comme sur la mer, il suffit de regarder le pourtour de l'horizon pour y voir clairement des preuves de la rondeur du globe. Bien que le regard plane sans difficulté au-dessus de la nappe verte des bruyères, cependant les murailles des maisons et les tiges des pins qui apparaissent aux limites de la plaine restent cachées par la convexité du sol. On n'aperçoit d'abord que les toits et les branchages, puis, à mesure qu'on se rapproche, les murs et les troncs d'arbres se révèlent, de même qu'en pleine mer on distingue la coque du navire longtemps après avoir vu les voiles et les mâts. Enfin, comme sur l'Océan, le spectacle changeant du ciel, auquel on ne prête par habitude qu'une attention secondaire dans les pays accidentés, regagne ici toute son importance, et devient le principal élément du paysage. La surface de la lande, plane et sans mouvement, s'abaisse vers l'horizon comme le dos d'un bouclier gigantesque, et ne présente rien dans son étendue qui puisse arrêter le regard ; mais au-dessus s'arrondit le grand dôme de l'atmosphère, avec ses jeux d'ombre et de lumière, la dégradation successive de ses couleurs depuis le bleu profond jusqu'au pourpre enflammé, ses nuages qui se pourchassent, s'éparpillent ou se groupent, se disposent en longues traînées transparentes ou s'accumulent en masses d'un gris sombre. Cette immense rondeur du ciel, qui forme à elle seule presque tout le paysage, et qui se reflète çà et là sur la surface tranquille des mares, arrête d'autant plus l'attention qu'on y remarque un singulier contraste. Le bleu de l'air est doux et pailleté de lumière, comme l'est toujours le bel azur du midi ; mais les nuages, déchirés, déchiquetés, réduits en lambeaux par le vent de la mer, ressemblent souvent à ceux de la Hollande et des autres pays du nord. Cet étrange contraste donne au ciel de cette partie de la France un aspect d'une douceur et d'une mélancolie toutes particulières.

Dans la lande rase, on peut étudier la nature du sol plus facilement qu'ailleurs, car là elle n'a pas encore été modifiée par les engrais, les amendements et tous les travaux de la culture. Sur de vastes étendues, le terrain superficiel des landes paraît être composé de sable blanc et presque pur; mais en général le sol est fortement mélangé de débris végétaux qui lui donnent une couleur grise ou noirâtre semblable à celle des cendres de charbon. Quand on remue cette terre par la bêche ou la charrue, elle répand une poussière subtile que les paysans landais appellent *haziou*, et qui recouvre comme d'un enduit noirâtre les mains et le visage des cultivateurs. Dans les terrains les plus secs du plateau, le sol devient une excellente terre de bruyère; il est tourbeux ou même remplacé par de véritable tourbe dans les dépressions souvent inondées ou sur le bord des ruisseaux marécageux qui interrompent le plan presque horizontal des landes. L'épaisseur de cette terre végétale varie beaucoup, elle est en général faible sur les parties élevées du plateau et considérable dans les bas-fonds; elle ne dépasse guère en moyenne un demi-mètre.

Au-dessous de la couche de sable pur ou mélangé qui forme la surface du sol s'étend une strate de sable agglutiné ayant le plus souvent la couleur de la rouille et présentant une grande analogie d'aspect avec un grès ferrugineux. Ce sable compacte, connu dans les landes du Médoc sous la dénomination d'*alios*, doit sa couleur et sa dureté à l'infiltration continuelle des eaux de pluie, qui entraînent dans le sol des substances organiques en dissolution et les mélangent intimement avec les molécules arénacées. D'ordinaire l'alios, malgré son apparence ferrugineuse, ne renferme qu'une proportion presque inappréciable d'oxyde de fer. Lorsqu'on le jette dans la flamme, on le voit se carboniser lentement, puis se réduire en cendres; cependant en certains endroits, surtout dans les marécages, où se forme spontanément le fer limoneux, la couche sous-jacente d'alios se change graduellement en un véritable minerai de fer. D'ordinaire le banc d'alios, qui est presque toujours d'autant plus dur qu'il est moins épais, reste complètement imperméable aux eaux comme une assise rocheuse, et prévient tout échange de gaz et d'humidité entre les strates de sable ou d'argile qu'il recouvre et la terre qui lui est superposée. Retenue par cette couche continue d'alios, l'eau de pluie doit nécessairement séjourner sur le sol, et pendant la saison pluvieuse la surface des landes serait changée en un immense marécage, si l'on n'avait eu

II. LES LANDES DU MÉDOC ET LES DUNES DE LA COTE

depuis le commencement du siècle le soin de creuser de distance en distance des *crastes* d'écoulement qui reçoivent le trop-plein des eaux et les portent soit aux ruisseaux de l'intérieur, soit aux étangs du littoral. Bien souvent, en automne et en hiver, le simple piéton doit traverser à gué des nappes d'eau qui s'étendent à perte de vue entre les massifs de bruyères.

Il y a peu d'années encore, la force de la routine était trop grande, l'argent trop rare, la population trop clair-semée, pour qu'il fût permis d'espérer l'annexion de ce plateau désolé au domaine agricole de la France. A part un nombre très restreint d'exceptions honorables, les propriétaires des landes ne s'occupaient aucunement d'assainir le sol, et, le voyant alternativement inondé par les pluies d'hiver et desséché par le soleil d'été, ils croyaient que toute culture y était impossible. Suivant l'exemple de leurs ancêtres, ils se contentaient d'élever de maigres brebis qui se glissaient à travers les broussailles en accrochant leurs toisons, et broutaient au passage les tiges des jeunes bruyères. On a calculé qu'en certains endroits 4 hectares, c'est-à-dire un terrain qui subvient d'ordinaire à la subsistance de toute une famille, suffisaient à peine pour faire vivre un seul mouton. Encore fallait-il de temps en temps renouveler les pâturages : quand l'eau avait disparu du sol et que la chaleur du soleil avait commencé à dessécher les plantes, les pâtres landais mettaient le feu aux brandes, afin qu'après l'incendie une nouvelle végétation d'herbe plus tendre reparût sous les cendres et les débris calcinés. Malheureusement la flamme, poussée par le vent, envahissait parfois toute la plaine, et consumait en même temps les bruyères et les forêts de pins [2]. De même les pasteurs arabes des montagnes de l'Algérie ont souvent causé la destruction de vastes forêts de chênes-lièges en mettant le feu aux herbes sèches de leurs pâtis.

Les bergers des landes se distinguent, on le sait, par leur étrange habitude de se promener et de passer la plus grande partie de leur vie sur des échasses, à un ou deux mètres plus haut que les autres hommes. Sous ce rapport, les Lanusquets [3] sont uniques dans le monde et, si je ne me trompe, dans l'histoire de l'humanité tout entière. Il est probable aussi qu'eux-mêmes n'ont point adopté cet usage avant les siècles du moyen âge, car les auteurs anciens, qu'une pareille coutume était de nature à frapper singulièrement, n'en font mention nulle part. Le nom patois de *chanque* donné aux échasses semble même préciser l'époque de leur mise en pratique et la fixer aux temps de la domination anglaise. En effet, ce terme dérive probablement du mot anglais *shank* [4]; or, si ce meuble avait été d'usage immémorial, on ne saurait comprendre qu'il eût reçu un nouveau nom d'origine anglaise, alors que tous les autres objets usuels sans exception continuaient d'être désignés par des termes gascons. Ce serait donc à l'esprit inventif d'un Anglais qu'il faudrait attribuer l'introduction dans le pays de ces échasses, qui rendent encore aujourd'hui de si grands services aux bergers des landes, et qui sont destinées à devenir bientôt de simples objets de curiosité. Juché sur ses jambes d'emprunt, le Lanusquet surveille de haut ses brebis cachées dans les broussailles, il franchit impunément les flaques, les marais et les prairies tremblantes; il ne craint point de se déchirer aux épines des ajoncs et aux branches sèches des bruyères, et peut en outre doubler la vitesse de sa marche. Un garde forestier, que je crois véridique, m'a dit avoir parcouru en trois heures et demie l'espace de 36 kilomètres qui sépare le village du Porge de la station de Facture : il est vrai qu'il hâtait le pas dans la crainte de manquer le convoi du chemin de fer.

Lorsqu'on aperçoit pour la première fois un groupe de ces *échassiers* des landes, on ne peut s'empêcher d'être saisi d'un certain émoi comme à la vue d'un prodige. Revêtus de leurs peaux de mouton à la laine rongée par le temps, ils passent gravement, en tricotant des bas ou en tordant du fil, au-dessus des brandes, des fougères et des joncs, comme si, à l'exemple de Camille, ils avaient le pouvoir de glisser sur les tiges des plantes sans les courber : le spectateur reste presque enfoui dans les broussailles, eux au contraire semblent marcher en plein ciel sur le bord de l'horizon. Ils paraissent d'autant plus étranges qu'on les voit de plus près, car en dépit du raisonnement le regard, qui a sa logique particulière, ne peut s'empêcher de prendre d'abord leurs échasses pour de véritables jambes et s'étonne de voir leurs genoux se courber en dedans et non pas en dehors, comme chez les autres mortels. Le grand bâton qu'ils manient avec une adresse excessive, et qui leur sert à l'occasion de balancier, de bras ou d'appui, contribue encore à l'étrangeté de leur aspect ; parfois on croirait voir de gigantesques sauterelles se préparant à bondir. Dans les landes du Médoc, non-seulement les bergers, mais tous les habitants sans exception emploient les échasses; les enfants eux-mêmes ne craignent pas de se hasarder sur les chanques paternelles, et souvent on aperçoit au-dessus des bruyères des femmes, presque toujours vêtues de noir, qui ressemblent à de grands corbeaux perchés sur des branches sèches. De même que le genre de vie des gauchos de la république argentine a fait de ces centaures américains une classe d'hommes distincte de toutes les autres par les mœurs et le caractère, de même l'habitude qu'ont les Lanusquets de passer une grande partie de leur existence sur des échasses doit certainement exercer à la longue une influence considérable sur leur moral. Quelle est cette influence ? Il serait hasardeux de vouloir la déterminer d'une manière précise. Peut-être les pâtres landais ajoutent-ils à la résignation ordinaire du berger une fierté calme et un scepticisme railleur; mais en tout cas il est certain qu'ils se distinguent par une grande sauvagerie. Nombre d'entre eux semblent avoir une espèce d'horreur des étrangers, et quand ils aperçoivent un voyageur se dirigeant vers eux, ils se hâtent de fuir dans la solitude à grandes enjambées.

Les habitants des forêts de pins qui s'étendent principalement sur le pourtour du plateau triangulaire des landes du Médoc ont également des mœurs toutes particulières, déjà connues du poète Ausone et de ses amis. Le *résinier*, — c'est ainsi qu'on appelle l'homme chargé de recueillir la résine des pins, — est resté en beaucoup d'endroits un véritable sauvage que la civilisation moderne semble avoir laissé tout à fait à l'écart. Tenant une hache dans sa main droite, il applique de la main gauche contre le tronc d'un pin son échelle, composée d'un seul montant sur lequel il a pratiqué de petites marches transversales, puis il grimpe comme un écureuil, et, s'appuyant d'un pied sur l'échelon, de l'autre sur la rugueuse écorce de l'arbre, il fait avec sa hache ces longues *carres*, ces entailles d'où la résine doit perler goutte à goutte. Ensuite il saute d'un bond au pied de l'échelle et fuit rapidement à travers l'ombre de la forêt pour attaquer de sa hache un autre tronc à dix pieds au-dessus du sol. De loin, on croirait entendre les coups sonores produits par les becs des piverts qui sondent l'écorce des arbres pour y découvrir des insectes. Le résinier, dressé à son état depuis l'enfance, finit par devenir aussi habile à grimper sur les arbres que les aborigènes de la Nouvelle-Hollande; mais comme eux aussi il est sombre, défiant et taciturne. Son vocabulaire de mots patois était jadis d'une grande pauvreté, et, comme celui des *narvies* ou terrassiers anglais de la classe la plus infime, ne dépassait probablement pas quelques centaines de termes. Sa demeure était le plus souvent une véritable tanière construite en troncs d'arbres et revêtue de branches.

Quelques métayers, habitant à de grandes distances les uns des autres, constituaient naguère, avec les bergers et les résiniers, toute la population des landes proprement dites. Ils cultivaient le maïs, le millet, le seigle dans les terrains inclinés qui avoisinent le bord des ruisseaux, et où ils n'avaient à craindre ni la dessiccation du sol à l'époque des grandes chaleurs, ni le débordement des eaux de pluie pendant l'automne et l'hiver. Dépourvus de toute instruction, ils suivaient religieusement l'antique routine de leurs aïeux et considéraient les innovations agricoles comme d'abominables attentats. Leurs mœurs étaient patriarcales : ils vivaient par familles ou par groupes de familles formant de petits dans de huit à trente personnes gouvernés par un chef. Lorsqu'il y avait plusieurs frères, on tâchait de sauvegarder tous les intérêts particuliers par une certaine division des pouvoirs. L'aîné prenait en main la direction de la culture, l'administration des finances et l'autorité disciplinaire; en revanche la femme du cadet était reine du ménage et commandait à ses belles-sœurs. Si le frère aîné venait à mourir, le cadet lui succédait comme chef de la famille, et la veuve prenait à son tour la direction de l'intérieur au détriment de la précédente ménagère : ainsi l'exigeaient les coutumes respectées des temps passés.

Les cabanes, assez vastes, mais très basses, des anciennes fermes sont toujours signalées au loin par de grands chênes qui semblent d'autant plus imposants qu'ils sont isolés au milieu de la lande horizontale et monotone. C'est à l'ombre de ces arbres, plantés sans doute par respect pour la vieille tradition gauloise, que les fermiers se rassemblent le soir et se reposent des fatigues de la journée. Le branchage des chênes absorbe en partie les émanations malfaisantes qui s'échappent des landes non assainies; mais cet obstacle ne suffit pas pour arrêter tous les miasmes au passage et les empêcher de faire leur œuvre de mort. Les fièvres intermittentes

II. LES LANDES DU MÉDOC ET LES DUNES DE LA COTE

ou *médoquines* sont extrêmement communes dans les landes de Bordeaux et donnent à presque tous les habitants du pays des yeux caves, un teint blafard, des membres grêles, qui les distinguent bien tristement de leurs frères les Béarnais, si gais, si souples et si dispos. Naguère un cinquième des landais du Médoc étaient alités pendant les mois d'août et de septembre. Les résiniers seuls étaient à l'abri de la médoquine, grâce à l'air pur de leurs forêts. Une hideuse maladie, connue sous le nom de *pellagre* (peau aigre), sévit aussi dans la contrée, et fait annuellement de nombreuses victimes. Les mains et les pieds, exposés beaucoup plus que les autres parties du corps aux alternatives de la chaleur, du froid et de l'humidité, sont attaqués d'une sorte de lèpre qui réagit sur l'organisme et finit par emporter le patient. Pour le soulagement ou la guérison de ces maladies, les landais, ne pouvant faire appel au médecin inconnu d'une ville éloignée, devaient se contenter des remèdes indiqués par la routine et des incantations des vieilles femmes, toutes adeptes d'une magie grossière. Le plus souvent ils avaient recours aux saignées, et même lorsqu'ils étaient guéris ils se faisaient tirer une palette de sang tous les mois par simple mesure d'hygiène. Dans les cas graves, ils demandaient le secours des sorciers de profession. Les uns étaient, dit-on, d'honnêtes vieillards qui guérissaient par les passes et les attouchements magnétiques, et refusaient tout paiement, de peur que le contact impur de l'argent ne les privât de leur vertu de guérisseurs. Les autres étaient des bergers au regard sinistre qui traçaient des cercles magiques, brûlaient des cheveux, de la graisse et du soufre, évoquaient le diable en termes cabalistiques et célébraient de hideuses cérémonies grassement payées. Parfois ces nécromanciens réussissaient à guérir par l'effroi là où toute médication régulière eut échoué; mais en se relevant de son lit de douleur, le paysan était devenu pour le reste de sa vie une proie de la terreur: il tremblait en entendant le cri de la chouette ou du hibou, il redoutait les sorts, les enchantements, et souvent il craignait de rencontrer un loup-garou jusque dans son voisin ou dans un membre de sa propre famille.

Cependant les habitants des landes avaient autrefois la réputation d'être très hospitaliers; mais on doit ajouter que leur hospitalité était peu méritoire, car les occasions de l'exercer étaient d'une extrême rareté, et dans ce pays, où il n'existait point d'auberges, le refus d'un gite pouvait équivaloir parfois à une sentence de mort. En dépit du bon accueil que les landais devaient faire aux étrangers, ils éprouvaient en général le plus farouche sentiment de défiance à leur égard, et l'on ne saurait s'en étonner, puisque tout contribuait à les éloigner du monde, leur genre de vie sordide, la grande distance des centres de population, l'effroi continuel causé par les pratiques de la sorcellerie; ils n'entraient guère en communication avec les autres hommes que pour l'échange de leurs denrées ou le paiement de leurs impôts et de leurs dettes. A cette sauvagerie ils ajoutaient d'autres défauts qui provenaient peut-être de leur fréquent état de fièvre : ils étaient nerveux, irascibles, vindicatifs. D'une excessive sobriété pendant le cours ordinaire de la vie, ils se livraient dans les grandes occasions à des libations immodérées et trouvaient leur volupté dans l'ivresse. Leur grande passion était celle de l'argent. Ils l'aimaient comme l'aime en général le paysan français, c'est-à-dire avec frénésie, et lorsqu'après une vente ils touchaient la première pièce d'argent, ils ne manquaient jamais de faire dévotement le signe de la croix sur cette monnaie chérie. On raconte plaisamment que jadis ils se rendaient seulement de nuit à certaines foires, afin de pouvoir mieux se tromper les uns les autres. Une de ces foires, tenue dans la lande près du village de Lubbon et rappelant sans doute une antique solennité religieuse, était consacrée spécialement à la vente des sonnettes en cuivre qu'on suspend au cou des animaux. Pendant toute la nuit, les acheteurs tendaient l'oreille de leur mieux afin d'apprécier la qualité du son et ne pas se laisser imposer les mauvaises sonnettes remises pour quelques jours en bon état; mais il fallait se décider avant l'aurore, sous peine de voir les vendeurs rompre brusquement les négociations et cacher leur marchandise.

II.

A quelques lieues de l'Océan, la déclivité si régulière du versant occidental des landes est tout à coup interrompue par la nappe horizontale des étangs et les chaînes de dunes qui se développent parallèlement au rivage : le sol originaire des landes disparaît sous d'énormes amas de sables. A la vue de ce brusque changement dans le relief des terres, il est facile de comprendre qu'on se trouve en face d'une de ces grandes œuvres de la nature accomplies lentement pendant la période actuelle sous l'impulsion continue

II. LES LANDES DU MÉDOC ET LES DUNES DE LA COTE

de forces toujours agissantes; tous les phénomènes que l'on a sous les yeux apparaissent comme l'expression visible de lois géologiques du globe. La plaine rase, les nappes d'eau, les rangées de dunes offrent par leur contraste une certaine variété de paysage; mais la régularité géométrique de l'ensemble est à peine troublée. L'inclinaison du plateau des landes est aussi peu sensible que si la mer l'eût récemment abandonné ; les étangs sont disposés de distance en distance au pied des dunes dans une longue dépression parallèle à l'Océan; ensuite viennent les dunes de sable s'abaissant de rangée en rangée vers la mer; enfin à leur base occidentale se prolonge cette plage rectiligne qui s'étend sur une distance de plus de 220 kilomètres, de l'embouchure de l'Adour à la pointe de la Négade, près de la chapelle du Vieux-Soulac [5].

Cette immense plage, dont le développement égale deux degrés de longitude, n'est interrompue que par l'entrée du bassin d'Arcachon, et plus au sud, par les embouchures de quelques courants ou fuyants faciles à traverser. Rarement visitée, si ce n'est par les douaniers et les gardes-côtes, elle n'est presque jamais suivie sur une partie notable de sa longueur, et cependant elle offre un but de voyage des plus intéressants aux piétons hardis qui, sans sortir de France, voudraient se faire une idée des plages désertes de l'Afrique et du Nouveau-Monde. La course est fatigante et le paysage monotone; mais l'impression qu'on en retire est d'autant plus durable. A marée haute, on est obligé de marcher sur un sable mobile qui cède sous les pas; à marée basse, on peut cheminer sur le sable durci du bord; mais à l'extrémité des anses, là où le sol est sans cesse remué par les vagues entrechoquées, on risque parfois de tomber dans des fondrières de vase semi-fluide, et l'on doit se jeter à plat ventre et ramper dans le sable perfide pour ne pas être englouti. Lorsque le vent souffle avec violence, ce qui arrive très souvent dans ces parages, il faut garantir avec soin ses mains et sa figure, sous peine d'être tour à tour mouillé par un brouillard d'écume et piqué par des milliers de grains de sable. L'uniformité du paysage est complète. On a beau se hâter, on croirait à peine changer de place, tant l'aspect des lieux reste immuable : toujours les mêmes dunes, les mêmes coquillages épars sur le sable, les mêmes oiseaux assemblés par milliers sur le bord des lagunes, les mêmes rangées de brisants qui se poursuivent et viennent dérouler à grand bruit leur nappe écumeuse. Dans tout le champ de la vue, les seuls points de repère sont les membrures de vaisseaux naufragés qu'on distingue de loin sur la blancheur du sable. Pour agrandir l'horizon et varier un peu le spectacle, il faut de temps en temps escalader quelque monticule d'où l'on puisse contempler les forêts de pins et ces étonnantes chaînes de dunes que le vent a soulevées graduellement, et qui couvrent aujourd'hui, de la pointe de Grave à Bayonne, une superficie de près de 90,000 hectares.

La théorie de la formation des dunes étant en général assez imparfaitement connue, il n'est pas inutile de l'exposer ici rapidement. Les courants qui longent la côte des landes poussent incessamment devant eux les débris d'innombrables rochers réduits à l'état de sable fin par l'éternel mouvement des eaux. Les brisants remuent constamment le fond mobile du bord, se chargent de ces matières arénacées et les étalent en minces nappes sur l'estran; à marée basse, les molécules de sable s'allègent peu à peu de leur humidité, cessent d'adhérer les unes aux autres et se laissent emporter vers la terre par le vent du large : ce sont là les matériaux des dunes. Si la plage des landes se redressait vers l'intérieur du continent d'une manière parfaitement unie, ce sable, rejeté par les vagues au-dessus du niveau marin et reporté au loin par les bouffées successives du vent, s'étendrait sur le sol en couches d'une épaisseur uniforme; mais les inégalités de la surface empêchent qu'il en soit ainsi. Des épaves, des plantes aux racines tenaces font saillie au-dessus de la plage et s'opposent à la marche du vent, qui glisse sur le sol en entraînant les grains de sable restés à sec. Ces faibles obstacles suffisent pour déterminer la naissance des dunes en obligeant la brise à laisser tomber le petit nuage de poussière arénacée ou calcaire dont elle est chargée. L'horizontalité de la plage est ainsi rompue : les rangées de buttes sablonneuses qui plus tard doivent se dresser en véritables collines commencent à se profiler sur le sol.

Dès qu'elle est formée, la petite dune ne peut que grandir. Les vents d'ouest, qui règnent pendant presque toute l'année dans cette région de la France, apportent toujours de nouveaux sables; ceux-ci gravissent le plan incliné offert par la face antérieure du monticule, puis, arrivés au sommet, glissent sur l'autre versant et forment un talus d'éboulement de plus en plus considérable. A chaque nouvel apport, la crête de la dune s'exhausse, la base s'élargit et gagne d'autant sur les terres de l'intérieur; les sables marchent à la conquête du continent. Les jours les plus favorables à l'observation de la marche progressive des dunes sont ceux pendant lesquels une douce brise, assez forte toutefois pour pousser le sable devant elle, souffle d'une manière parfaitement uniforme. Du haut de la dune, on voit les innombrables grains de poussière accourir en escaladant la pente; scintillant au soleil et tourbillonnant comme des moucherons par un soir d'été, ils atteignent la cime, puis ils s'accumulent en forme de corniches sur le revers de l'arête, et de temps en temps déterminent de petits éboulements qui s'épandent sur la surface du talus comme des nappes d'eau sur le flanc d'un rocher. Lorsqu'un vent de tempête souffle avec violence et par rafales successives, les empiétements de la dune s'accomplissent d'une manière beaucoup plus rapide, mais souvent plus difficile à observer. Les cimes des monticules, qu'enveloppent des tourbillons de poussière, ressemblent à des volcans vomissant la fumée; la face antérieure de la dune est labourée, ravinée par le vent ; des masses de sable chargées de débris marins apportés par la tempête s'écroulent à grand bruit et se disposent en couches inégales sur le talus d'éboulement. Une tranchée pratiquée dans l'épaisseur de la dune permettrait de compter et de mesurer les strates d'épaisseur et de nature différentes que les vents ont successivement apportées. Telle douce brise n'a déposé que le sable fin comme la poussière, tel vent plus fort était chargé d'un lourd sable coquillier, tel vent d'orage a charrié des coquillages entiers, des branches et des épaves.

Si le plan incliné que la dune tourne du côté de la mer restait parfaitement uni, la zone du rivage n'offrirait dans toute sa largeur qu'un seul rempart de sable empiétant graduellement sur l'intérieur des terres; mais à la longue la pente de chaque dune ne peut manquer d'offrir quelques saillies causées par des corps étrangers ou par des plantes qui prennent leur naissance dans le sable. Toutes les saillies assez fortes pour résister au vent servent de points d'appui à de nouvelles dunes, entées, pour ainsi dire, sur le flanc de l'ancienne. Ces nouvelles dunes elles-mêmes se hérissent d'aspérités que recouvrent bientôt d'autres monticules de sable, et c'est ainsi que se dressent peu à peu toutes ces rangées de collines mou- vantes que séparent d'étroites et longues vallées appelées *lèdes* ou *lettes* par les paysans des landes. La dune la plus rapprochée de la mer et par conséquent la plus récente est moins élevée que le monticule plus ancien situé immédiatement au-delà; de même celui-ci atteint une hauteur moins considérable que la colline suivante. Chaque rangée qui se développe plus avant dans l'intérieur des terres dépasse les précédentes en élévation et forme comme un nouveau degré sur la pente de la grande dune primitive qui sert d'avant-garde à toute l'armée des sables. Toutefois il existe des exceptions à cette règle. C'est ainsi qu'au sud du bassin d'Arcachon la haute rangée de Lascours, dont le dôme culminant s'élève à 89 mètres, est située au milieu et non point à l'est de la zone des dunes. On serait tenté d'admettre qu'après être arrivées à cette grande hauteur, les nappes inférieures du vent d'ouest, comprimées par les masses d'air surincombantes, n'ont plus la force d'impulsion nécessaire pour élever encore les molécules de sable, et sont obligées de redescendre vers les plaines de l'intérieur en écrêtant les collines précédemment formées.

Avant que les dunes eussent été fixées par des semis de pins, les étangs qui en baignaient la base orientale voyageaient comme elles et se déplaçaient incessamment de l'ouest à l'est. Sans doute plusieurs de ces nappes d'eau douce étaient, il y a des milliers d'années, des baies marines qui découpaient le rivage aujourd'hui si uniforme des landes. D'abord séparées de l'Océan par un mince cordon de sable, comme il s'en forme souvent sur les plages basses, ces baies changées en étangs ont été peu à peu repoussées vers l'intérieur des terres par les sillons parallèles des dunes. Sous l'énorme pression des sables, elles ont gravi, pour ainsi dire, la pente du continent. En même temps les pluies et les ruisseaux, arrêtés dans leur cours, apportaient incessamment leur tribut d'eau douce aux nouveaux lacs, tandis que l'eau salée s'enfuyait à mesure par les déversoirs naturels ménagés entre les monticules. Ainsi les grains de sable que le vent pousse devant lui ont suffi, pendant le cours des siècles, à changer des golfes d'eau salée en étangs d'eau douce et à les porter dans l'intérieur du continent à une hauteur considérable au-dessus de l'Atlantique. La surface de l'étang d'Hourtin est de 12 à 13 mètres plus élevée que celle de l'Océan; sa profondeur est également de 12 à 13 mètres, c'est-à-dire qu'elle atteint exactement le niveau des mers moyennes.

II. LES LANDES DU MÉDOC ET LES DUNES DE LA COTE

Les deux grands étangs des landes du Médoc portent les noms des villages construits près de leur rive orientale. La superficie en est très considérable. Celui du nord, connu sous la désignation d'étang de Carcans et d'Hourtin, est une nappe d'eau de forme ovale mesurant 3,600 hectares. L'étang méridional ou de La Canau couvre à peu près 2,000 hectares ou 20 kilomètres carrés; il est réuni au premier par les vastes marais de Talaris, qui longent la base des dunes, et maintiennent par de lentes oscillations le même niveau dans les deux bassins lacustres. Égaux par l'altitude, les deux étangs le sont également par tous leurs caractères hydrologiques. Immédiatement au pied des dunes, ils offrent leur plus grande profondeur; puis le fond se relève du côté de l'est par une pente insensible, et le long du rivage oriental la couche liquide est si mince qu'un berger monté sur des échasses d'un mètre et demi de haut pourrait facilement s'avancer jusqu'à près d'un kilomètre du bord, offrant ainsi le spectacle étrange d'un homme qui se promène sur les flots. L'eau des étangs, floconneuse à la surface, remplie de germes et de détritus végétaux, est le plus souvent d'un jaune ou d'un vert sale, et quand on la regarde, on ne peut s'empêcher de reporter avec mélancolie sa pensée vers ces lacs des montagnes à l'eau si transparente, si claire, d'un azur ou d'un vert si cristallin; mais au loin la grande nappe lacustre reflète les nuages, la lumière du ciel, les forêts de ses rivages, aussi bien qu'un lac des Alpes. Fréquemment d'ailleurs, pendant la saison des chaleurs, de lointains mirages, causés par l'oscillation des couches aériennes suréchauffées, viennent ajouter à la beauté du spectacle qu'offre l'étendue des eaux tranquilles. Dans cette saison, les étangs sont unis comme des miroirs; mais pour peu que le vent s'élève, leur surface se hérisse de vagues courtes et pressées qu'osent à peine affronter les grossières embarcations des landais et les quelques chaloupes à un ou deux mâts qui naviguent sur le lac d'Hourtin pour le service du phare.

De nos jours, les étangs d'Hourtin et de La Canau ne communiquent point directement avec la mer; le surplus de leurs eaux s'écoule dans le bassin d'Arcachon, en passant à travers des marécages obstrués d'herbes et de roseaux, et en formant de distance en distance de petits étangs ou *clas* dont la rive occidentale est nettement limitée par des talus de sable, tandis que la rive orientale se confond avec des vasières et des prairies tremblantes. Cependant la tradition rapporte que chacune de ces mers intérieures déversait naguère ses eaux dans l'Océan par un canal direct, creusé perpendiculairement au littoral à travers la rangée des dunes. Les pêcheurs montrent encore dans l'étang d'Hourtin une espèce de fosse profonde et vaseuse qu'ils disent avoir été l'entrée du chenal d'écoulement. On parle aussi d'un port Maurice ou port d'Anchise, qui aurait existé sur la rive de l'étang de La Canau, et que les habitants du pays auraient employé pour l'expédition de leurs résines à Bordeaux. On dit même que tous les titres de propriété relatifs à cet ancien port ne sont pas encore perdus. Actuellement l'aspect des lieux ne semble pas, au premier abord, confirmer la tradition, et bien des géographes se sont demandé comment des étangs situés à 12 ou 13 mètres au-dessus du niveau de la mer, et séparés d'elle par une chaîne de dunes large seulement de 4 kilomètres, auraient pu former un *courant* navigable en dépit de cette énorme pente de 3 mètres pour 1,000. Cependant il ne faut pas oublier qu'avant les empiétements modernes des sables, les étangs se trouvaient à un niveau de beaucoup inférieur, et que le courant pouvait en conséquence descendre vers la mer par une pente très faible. Les mêmes dunes qui ont oblitéré les chenaux de communication ont aussi élevé les étangs en les poussant constamment devant elles.

Parallèlement à la chaîne des étangs, et non loin de la rive orientale, s'aligne une rangée d'oasis cultivées au centre desquelles se trouvent de petits villages, Lège, Le Porge, La Canau, Carcans, Sainte-Hélène, Hourtin, Vendays. Ces localités forment, avec les bourgs du Médoc et les villages de la Leyre et du bassin d'Arcachon, une espèce de triangle autour du plateau bombé des landes du Médoc. Dépourvus naguère de tout moyen de communication autre que les sentiers de la lande rase, habités presque uniquement par une population de pêcheurs, les villages du littoral des étangs constituaient un district à part, bien peu connu du reste de la France. Néanmoins il fut un temps où ces pauvres groupes de maisons, presque perdus dans le désert, étaient périodiquement visités par de nombreux voyageurs. C'était après le IXe siècle, pendant les plus mauvais jours du moyen âge, alois que les paysans opprimés, écrasés d'impôts, poussés au désespoir, allaient chercher d'église en église quelque saint puissant qui voulût les prendre sous sa protection. Grâce aux innombrables

II. LES LANDES DU MÉDOC ET LES DUNES DE LA COTE

miracles que les fervents Espagnols lui attribuaient, saint Jacques de Compostelle, ainsi nommé parce qu'une étoile avait fait découvrir son tombeau (*campus stellœ*), fut longtemps le saint le plus vénéré de tout le midi de la France. Chez nos vieux paysans qui n'ont pas perdu la tradition des anciens jours, le nom de saint Jacques vient se placer immédiatement après celui de Rome, et pour eux la voie lactée est encore ce mystérieux chemin que suivaient les anges en volant au-dessus des pèlerins. Les fidèles se rendaient en foule à Compostelle comme à une Mecque chrétienne. Saintongeois et Poitevins se réunissaient parfois en bandes considérables, et descendaient vers le midi en demandant de ville en ville le chemin de la Galice. Arrivés au bord de la Gironde, Us se divisaient en plusieurs caravanes. Les uns traversaient le fleuve au-dessous de Pauillac et s'engageaient dans la triste lande où les attendait la maigre hospitalité des paysans de Vendays, d'Hourtin et de Carcans. Cette partie du long voyage n'était pas la moins pénible, à en juger par la strophe suivante du chant des pèlerins :

« Quand nous fûmes dedans les landes, — bien étonnés, — nous avions l'eau jusqu'à mi-jambes — de tous côtés. — Compagnons, nous faut cheminer — en grand'journée — pour nous tirer de ce pays — de grand'rosée. »

Si l'on en croyait les traditions locales, la région des landes du Médoc qui avoisine les étangs aurait servi, vers le milieu du VIIIe siècle, de refuge aux Maures dispersés par Eudes, duc d'Aquitaine, après leur grande déroute de Poitiers. Le village de Vendays, situé au milieu des marais, non loin de l'extrémité septentrionale de la péninsule du Médoc, aurait même été fondé ou reconstruit par les fugitifs. De nos jours encore les habitants de Vendays se distinguent, dit-on, des autres landais par des traits plus accusés, rappelant une origine orientale, et la beauté de leurs femmes est passée en proverbe. Les chevaux de Vendays et des villages voisins sont aussi considérés comme les descendants des chevaux arabes amenés dans le pays par les Maures vaincus. Sous l'influence du climat, de la nourriture et des croisements, la race s'est peu à peu modifiée; mais elle garde encore quelque chose du type originel.

Les plus belles parmi ces nobles bêtes étaient celles qui, échappées à la domesticité, parcouraient librement les dunes et les bords des étangs. On faisait la chasse à ces chevaux indépendants; mais, quand ils étaient pris, ces animaux, accoutumés à la liberté, refusaient souvent de manger dans l'écurie du maître et se laissaient mourir de faim. Récemment encore il existait un de ces chevaux sauvages, bien connu des bergers, qui lui avaient donné le nom de Napoléon. Des troupeaux de bœufs libres erraient aussi au milieu des lèdes; ils appartenaient d'une manière indivise aux communes, et de temps en temps on les décimait à coups de fusil.

Les villages situés à la base orientale des dunes, sur le bord des étangs, devaient se déplacer de temps en temps vers l'est, sous peine d'être engloutis par les sables ou par les eaux. A l'approche du danger, les pâtres et les pêcheurs démolissaient leurs cabanes pour en emporter les matériaux, et se bâtissaient de nouvelles demeures à une certaine distance dans l'intérieur de la lande. Les années, les siècles s'écoulaient; mais les dunes et les étangs marchaient toujours, et de nouveau les habitants étaient condamnés à transférer leurs villages au milieu des bruyères. C'étaient Là des malheurs prévus, et la chronique gardait le silence sur ces émigrations successives des landais; elle se borne à mentionner les noms de quelques églises qu'on a dû abandonner aux sables pour les reconstruire au loin sur le plateau des landes. Ainsi nous savons que l'église de Lège a été rebâtie eu 1480 et en 1660, la première fois à 4 kilomètres, la seconde à 3 kilomètres plus avant dans l'intérieur des terres. Nous savons aussi que l'ancienne église de Sainte-Hélène-Perdue a dû être abandonnée au bord des marais que l'étang de Carcans poussait devant lui dans sa marche vers l'est; mais les étapes successives des autres localités de la même zone ne sont pas connues d'une manière précise. Quant aux bourgs aujourd'hui disparus de Lislan, de Lélos et d'Anchise, ou ignore jusqu'à leur ancien emplacement.

Les dunes ont été souvent comparées à des sabliers gigantesques mesurant le temps par la marche progressive de leurs talus de sable. La comparaison est juste, car les vents d'ouest qui opèrent tous ces changements sur le littoral des landes obéissent à présent aux mêmes lois qu'il y a des milliers d'années, et très probablement leur force n'a pas changé pendant cet intervalle de temps. Les dunes, les étangs et même les villages riverains peuvent donc être considérés

II. LES LANDES DU MÉDOC ET LES DUNES DE LA COTE

connue de véritables chronomètres géologiques; mais par malheur les indications qu'ils fournissent n'ont pas encore été déchiffrées d'une manière certaine, et maintenant que les dunes sont fixées, il est trop tard pour entreprendre cette étude. L'illustre Brémontier, dont le livre, imprimé en l'an v de la république, est encore l'autorité principale sur la question des sables mouvants, a fait pendant huit années une série d'observations qui lui ont donné une moyenne de 20 à 25 mètres pour le progrès annuel des dunes de La Teste. Ce résultat s'accorde d'une manière remarquable avec les indications fournies par les empiétements des dunes de Lège pendant les quatre cents dernières années. En admettant comme normale la moyenne calculée par Brémontier, on arriverait à cette conclusion que dans un laps de temps de vingt siècles les dunes auraient pu envahir toute la zone des landes et recouvrir la ville de Bordeaux : il eût même suffi de mille ans pour transformer en marécages les belles campagnes du Bordelais, car les étangs, repoussés constamment par les dunes envahissantes, se seraient abîmés du côté de l'est en déluges successifs aussitôt après avoir dépassé la ligne culminante du plateau des landes. Il est probable que des recherches entreprises en d'autres lieux auraient pleinement confirmé les observations faites par Brémontier; cependant, en l'absence de ces recherches, on ne peut accepter comme s'appliquant à toute l'armée des sables, de Bayonne à la pointe de Grave, des mesures faites au pied d'un groupe de dunes isolées : pour se prononcer définitivement, il faut attendre les observations que les savants ne manqueront point de faire sur la marche des dunes dans toutes les parties du globe où ces monticules ne sont pas encore fixés.

Quoi qu'il en soit, il est absolument certain que, depuis l'arrivée de l'homme dans ces contrées, les sables ont avancé au moins de 6 kilomètres, c'est-à-dire de toute l'épaisseur actuelle de la zone des dunes. En effet, on trouve des traces irrécusables de l'industrie humaine sur les étroites laisses de mer qui s'étendent à la base occidentale des dunes parallèlement aux brisants. Près de la pointe de la Négade, ce sont les restes d'un four autour duquel sont épars d'innombrables débris de poterie témoignant d'une assez grande habileté pratique; ailleurs ce sont des troncs de pins, des bois à demi carbonisés, des cendres, des amas de goudron, et d'autres vestiges dont l'ensemble rappelle tout à fait l'aspect des campements actuels des résiniers. En d'autres endroits, on voit des fossés, des pas d'hommes et d'animaux empreints sur les couches d'argile que le sable des dunes, emporté par le vent, vient de laisser à découvert. Nulle part cependant les preuves de l'ancien séjour de l'homme ne sont plus fortes que sur les plages de Lagrave et de Matoc, au sud de l'entrée du bassin d'Arcachon. Là, les envahissements incessants de la mer, qui vient saper la base des dunes, mettent à nu des bancs d'alios, des tourbières, des couches d'arbres abattus, portant des marques incontestables du travail humain; des briques, des poteries brisées jonchent le sol; les stigmates de la hache se voient sur des troncs de pins à demi engagés dans la tourbe et se distinguant comme autrefois par leur odeur résineuse; parmi les traces laissées sur le sol, on remarque des empreintes de souliers armés de clous et semblables à ceux que portent encore de nos jours les paysans landais. A la vue de toutes ces choses, on ne saurait douter que la plage actuelle de la mer n'ait, à une époque relativement récente, fait partie des plaines de l'intérieur, car les bancs d'alios et les tourbières n'auraient jamais pu se former sous les rangées de dunes; on ne saurait non plus douter que l'homme n'ait habité jadis ces terrains, destinés à être bientôt recouverts par les eaux de l'Océan. Ainsi les chaînes parallèles des collines mouvantes ont toutes passé les unes après les autres sur cet espace abandonné : elles le dominaient autrefois du côté de l'ouest et le séparaient de la mer; maintenant elles s'élèvent à l'est et le séparent du plateau des landes. Ce sont là des faits écrits sur le sol en caractères d'une telle évidence que pas même l'indigène illettré ne saurait s'y méprendre; on peut seulement se demander pourquoi les bancs de tourbe et les débris de l'industrie humaine qu'on remarque au bord de la mer sont à peine élevés au-dessus du niveau de la mer, tandis que, à en juger par la pente générale des landes, ils devraient se trouver à 5 ou 6 mètres de hauteur environ. Il est probable que cet affaissement du sol est dû à l'énorme poids des dunes qui l'ont comprimé pendant des siècles; peut-être aussi les sables sous-jacents ont-ils été peu à peu entraînés dans la mer par l'infiltration des eaux de pluie.

Avant de recouvrir ces campements dont on voit les vestiges à la Négade, à Hourtin, à Matoc, la zone des dunes reposait donc tout entière sur un terrain qui est actuellement devenu la proie de l'Océan. Toute la région du littoral était en marche vers l'est : les étangs débordés poussaient les villages devant eux; les dunes empiétaient sur les étangs; derrière les dunes venait la mer, rongeant la plage. Maintenant encore, bien que les progrès des étangs et des dunes soient définitivement arrêtés, ceux de l'Océan continuent sans relâche, ainsi qu'on peut s'en convaincre facilement en regardant les talus extérieurs des premières dunes du littoral. Au lieu de s'élever en pente douce, comme l'exige la théorie [6], ces talus forment le plus souvent un angle de 45 degrés avec l'horizon, et l'on ne peut les gravir directement sans risquer d'être englouti par les sables croulants. Cette forte inclinaison des pentes extérieures ne peut être attribuée qu'à l'action de la mer, qui vient les saper par la base et gagne incessamment sur les terres. Un vieil habitant d'Hourtin évalue à 80 mètres environ la conquête opérée depuis quarante ans par les eaux marines. Sur la plage, on rencontre partout des masses d'alios et d'argile qui constituaient le sous-sol des landes, et que les vagues envahissantes arrachent maintenant du fond de la mer. Si la pente occidentale du plateau landais gardait au-delà des étangs son inclinaison moyenne, le rivage serait reporté en pleine mer à plusieurs kilomètres à l'ouest de la plage actuelle, et continuerait au sud de la Gironde la côte rectiligne de la Saintonge. Il est à peu près certain que telle était autrefois la disposition du littoral entre l'embouchure du fleuve et l'entrée du bassin d'Arcachon, car les sondages opérés dans le golfe prouvent que, sauf l'espèce de degré rapide formé par la côte actuelle, le fond de la mer continue à peu près la pente moyenne de la terre ferme. Les dunes ne sont qu'un bourrelet placé sur la ligne de contact des deux parties, maritime et continentale, d'un même terrain géologique.

D'après Brémontier, qui admettait une vitesse annuelle de 20 mètres pour la marche des dunes, un laps de 500 années eût suffi pour le voyage des sables de l'ancien rivage à la zone actuelle des étangs. Aussi croyait-il que précédemment la côte se développait encore beaucoup plus à l'ouest que le méridien des rivages de Saintonge et d'Oléron; suivant ses évaluations, la mer aurait englouti depuis quarante-deux siècles une zone de 80 kilomètres de largeur et de plus de 15,000 kilomètres carrés de superficie. En dépit du grand nom qui l'abrite, cette hypothèse ne doit pas être acceptée, car il n'est point prouvé que l'art de fixer les dunes par des plantations de pins et de chênes fût inconnu à nos ancêtres. Au contraire, il est probable que les Ibères et les Gaulois, vivant plus que nous dans la contemplation des choses de la nature, avaient déjà découvert et mis en pratique le seul moyen de protéger leurs demeures contre l'envahissement des sables et de la mer. Sans doute l'œuvre des anciens habitants fut mise à néant par les incendies pendant les tristes jours du moyen âge, alors que les peuples désespérés perdaient tout sentiment de prévoyance; mais il reste encore des plantations faites par les aborigènes. Sur un grand nombre de dunes, on découvre des troncs de chênes, de pins et d'autres essences, engloutis dans le sable à une certaine hauteur au-dessus de l'ancien niveau des landes. Bien plus, quelques dunes portent encore des bois magnifiques, qui comptent au moins plusieurs siècles d'existence. Non loin de Cazaux, on peut s'égarer dans une forêt où se dressent des pins gigantesques, sans rivaux en France, et des chênes mesurant plus de 10 mètres de tour. Dans l'atlas de Belleyme, publié vers la fin du siècle dernier, on voit aussi que le village de La Canau possédait une forêt de pins sur les dunes qui s'élèvent à l'ouest de l'étang. Des titres de 1332 parlent également de forêts qui recouvraient les dunes, et où les seigneurs de Lesparre allaient en joyeuse compagnie chasser le cerf, le sanglier, le chevreuil. Enfin Montaigne, écrivant au milieu du XVIe siècle, dit que les envahissements des sables avaient lieu « depuis quelque temps. » D'ailleurs pourquoi les landais donneraient-ils, comme les Espagnols, le nom de monts ou montagnes à leurs forêts, même à celles de la plaine, sinon parce que leurs collines de sable étaient autrefois uniformément couvertes d'arbres ?

Il existe encore dans la configuration du sol une autre preuve de l'ancienne existence des forêts sur le littoral des landes. A 20 kilomètres environ au sud de l'embouchure actuelle de la Gironde, une large dépression marécageuse, commençant aux marais de la Petite-Flandre, traverse dans toute sa largeur la péninsule du Médoc. Tortueuse comme un ancien fit de fleuve, elle sépare les deux communes de Vensac et de Vendays, puis coupe en deux la chaîne des dunes et va s'unir aux rives du littoral. Plus au nord, les marais allongés de Grayan offrent également les traces du passage de la Gironde; mais il est défendu de hasarder une supposition

II. LES LANDES DU MÉDOC ET LES DUNES DE LA COTE

sur les époques successives pendant lesquelles le fleuve se creusa ces deux lits abandonnés aujourd'hui. Si la croissance des forêts n'avait pas prévenu les envahissements des sables aussitôt après le retrait des eaux fluviales, des rangées de dunes poussées par le vent n'auraient pas manqué de s'élever et d'oblitérer complètement les anciens cours du fleuve : cependant il existe à peine en cet endroit quelques petits bourrelets de sable de formation récente et de 10 à 12 mètres d'élévation. Ainsi l'on peut admettre sans crainte que nos premiers ancêtres avaient su dresser une barrière aux empiétements de la mer et des dunes. Après la destruction de leur œuvre, tout le plateau des landes était destiné à devenir la proie de l'Océan, si de nouveau le génie de l'homme n'avait consolidé les dunes mobiles et ne les avait transformées en boulevards de défense.

III.

Dans les temps modernes, les premières tentatives faites pour la fixation des dunes de Gascogne datent du commencement du XVIIIe siècle. M. de Ruhat, acquéreur de l'ancien captalat de Buch, ensemença de pins quelques collines de La Teste; mais, quoique les semis eussent réussi parfaitement, l'œuvre ne fut pas continuée, et partout ailleurs les inertes landais laissèrent les dunes marcher à l'assaut de leurs villages. Plus tard les frères Desbiey [7] et l'ingénieur Villers proposèrent à diverses reprises la fixation de toute la zone des sables : leur voix ne fut point entendue. Ce fut au célèbre Brémontier qu'échut l'honneur de faire adopter et de mettre en pratique un plan d'ensemble pour la culture des dunes. S'inspirant des écrits et de l'exemple de ses devanciers, ne dédaignant pas d'interroger les pâtres qui connaissaient par tradition les moyens d'arrêter les sables, Brémontier se mit pour la première fois à l'œuvre en 1787. Interrompus en 1789, puis repris en 1791, les travaux furent complètement abandonnés en 1793, par suite de l'opposition qu'avaient suscitée plusieurs habitants de La Teste; mais déjà on pouvait constater d'importants résultats. Plus de 250 hectares de sables mouvants avaient été fixés dans les environs d'Arcachon; des pins, des chênes, des plants de vigne étaient en parfaite croissance, et l'ensemencement d'un hectare n'avait pas coûté plus de 200 fr. [8]. La possibilité d'arrêter la marche des dunes à peu de frais était absolument démontrée.

Au commencement de notre siècle, l'œuvre interrompue fut reprise, et depuis elle s'est développée d'année en année avec une rapidité proportionnée aux allocations budgétaires. Elle est terminée dans le département de la Gironde, et si les centaines de dunes que les ingénieurs ont ensemencées pendant les dernières années ne sont pas encore recouvertes de verdure, elles sont du moins définitivement fixées. Vues de la mer ou du plateau des landes, ces cimes nues brillent au soleil comme des sommets neigeux, et présentent un saisissant contraste avec les sombres collines couvertes de pins; mais le nombre de ces dunes blanches diminue constamment, et dans peu d'années on n'en verra plus. Reste la zone que Brémontier voulait ensemencer tout d'abord, c'est-à-dire l'espace sablonneux qui se trouve entre le pied des dunes et la laisse des hautes marées. Cette bande étroite est encore stérile dans presque toute sa longueur à cause de la violence avec laquelle le vent de tempête projette les grains de sable sur les tiges naissantes. On s'occupe cependant de nouveaux essais dans l'espoir d'arrêter ou du moins de retarder les érosions de la mer par des palissades d'arbres vivants.

Les dunes désormais fixées enrichissent les contrées qu'elles menaçaient autrefois d'engloutir, et, par suite de la valeur croissante des pins et de leurs produits, c'est par centaines de mille francs [9] qu'il faut maintenant compter l'accroissement annuel de la fortune publique sur le littoral. Le moyen de salut appliqué par Brémontier est devenu pour les landais une cause de prospérité. En même temps bien des résultats heureux auxquels on ne pouvait s'attendre d'avance ont été obtenus. Le sable, garanti des rayons du soleil par l'ombrage des pins, produit des arbustes et des herbes qu'on utilise pour la litière et l'alimentation des bestiaux. Les lèdes ou vallées intermédiaires des dunes, qui, pendant six mois de l'année, étaient transformées par les eaux de pluie en d'infranchissables fondrières, ont été assainies sans l'intervention de l'homme, grâce aux mille racines qui pompent incessamment l'humidité des sables. La surface des vastes étangs situés à la base orientale des dunes s'est également abaissée pour fournir aux arbres de la forêt l'eau nécessaire à leur croissance [10]. En outre la fixation des dunes a fait disparaître ces *blouses* ou *mouvants* dont la description se trouve dans tous les ouvrages consacrés à la région des landes. Lorsque le

II. LES LANDES DU MÉDOC ET LES DUNES DE LA COTE

sable apporté par le vent tombait avec régularité sur la nappe d'une eau dormante et couverte d'écume visqueuse, il formait souvent une couche ténue voilant complètement aux regards l'eau qui le portait. Quelquefois cette couche devenait assez compacte pour se maintenir en équilibre même lorsque le niveau de la mare baissait au-dessous d'elle, et bientôt les molécules de sable, séchées par les rayons solaires, ne trahissaient plus l'existence du piège caché. Les pâtres, les animaux, qui mettaient le pied sur la surface de la blouse s'engouffraient tout à coup plus ou moins profondément, et les eaux de la mare refluaient autour d'eux. D'ordinaire ils en étaient quittes pour l'émotion. Peu à peu le sable croulant se tassait au-dessous d'eux; ils laissaient le fond se consolider, puis, levant tranquillement une jambe, ils attendaient qu'une espèce de marche se fut formée, et montaient ainsi de degré en degré comme par un escalier. De nos jours, ces accidents ne sont plus à craindre : le sable ne voyage plus, et les mares, absorbées par le chevelu des racines, ont cessé d'exister.

Puisque les dunes, composées de sable mobile et presque pur, ont pu se couvrir de hautes forêts, on ne doit pas s'étonner que les bruyères des landes puissent être remplacées par des arbres et des plantes cultivées. De tout temps les magnifiques avenues de chênes et les champs fertiles qui entourent les rares villages de la zone des étangs donnaient une preuve de ce que pourrait un jour devenir le triste désert des landes, si l'on prenait la peine de l'assainir et de le mettre en culture; malheureusement la rareté de la population, les fièvres endémiques, l'apathie traditionnelle des habitants, leur ignorance profonde et la crainte légitime qu'avait le paysan de voir un jour les sables engloutir ses travaux, toutes ces causes réunies empêchaient l'extension du domaine agricole. Après la fixation des premières dunes, quelques propriétaires et même des associations de capitalistes firent des tentatives isolées pour transformer en forêts et en champs cultivés les vastes étendues de bruyères où paissaient à grand'peine de maigres troupeaux de brebis; mais les résultats obtenus ne répondirent pas à la grandeur des efforts. C'est qu'on avait commencé par employer la meilleure partie des capitaux à la construction de maisons, d'entrepôts et de granges, puis, quand on avait daigné s'occuper du sol, on l'avait traité comme celui des contrées limitrophes, en le cultivant de la même manière et en lui demandant les mêmes produits. La rareté des travailleurs, le manque presque absolu d'engrais, la difficulté des transports, avaient fait échouer la culture des céréales. Les semis de chênes et de pins n'avaient guère mieux réussi. En hiver et au printemps, la lande rase qu'on avait ensemencée était restée couverte de flaques d'eau sous lesquelles la graine n'avait pu lever; puis, quand l'eau s'était évaporée sous les rayons du soleil d'été, le sable chaud avait brûlé la plupart des germes; seulement sur les plus hauts renflements du sol poussaient quelques arbres étiolés, semblables à de grêles touffes de bruyères. Aussi l'insuccès avait-il découragé bien des agriculteurs : d'après l'opinion générale, les landes étaient condamnées à rester à jamais désertes.

Cependant le remède était facile à trouver. Il s'agissait tout simplement d'appliquer en détail sur chaque domaine le système des canaux d'écoulement déjà pratiqué de distance en distance sur le bord des ruisseaux. La nature sablonneuse du terrain et l'uniformité de la pente générale du plateau favorisent singulièrement ce genre de travail. Il suffit de creuser dans la direction de la déclivité des fossés parallèles d'un demi-mètre de profondeur moyenne, et les eaux de pluie qui tombent dans la lande traversent aussitôt les sables pour s'écouler dans les fossés et descendre soit vers les étangs, soit vers la Gironde. Même pendant les plus violentes pluies, la surface du sol reste toujours sèche, et l'on peut y semer des glands ou des graines de pin sans craindre que la semence soit pour ainsi dire étouffée sous les eaux stagnantes. Les plantes, qui se trouvent alors dans des conditions normales, germent au printemps et croissent avec assez de rapidité pour résister parfaitement aux chaleurs estivales. Un ingénieur, M. Chambrelent, a le premier appliqué ce système d'assainissement sur une grande échelle, et pour son coup d'essai il a choisi en 1849, dans le voisinage de Cestas, des landes tellement basses que pendant six mois on ne pouvait les parcourir que monté sur de hautes échasses. Le sol est si facile à travailler que le creusement de chaque mètre courant de fossé lui revint seulement à 5 centimes [11], soit à 20 francs par hectare, et, grâce à la faible pente de ces canaux d'écoulement, ils sont encore aussi réguliers, et font aussi bien leur office qu'au premier jour. Les arbres semés ont prospéré d'une manière presque merveilleuse : parmi les pins, on en remarque un bon nombre qui ont cru de

II. LES LANDES DU MÉDOC ET LES DUNES DE LA COTE

près d'un mètre par an, bien que leur racine pivotante se soit depuis longtemps butée contre la couche imperméable de l'alios. Cependant, si cette couche était trop rapprochée de la surface, les semences germeraient à peine, et les jeunes plantes, chênes ou pins, périraient infailliblement.

En principe, on ne saurait douter que les arbres dont la racine est destinée à pivoter végètent plus à leur aise dans les terrains profonds, et doivent souffrir tôt ou tard lorsque le sous-sol ne se laisse pas traverser. Le fait est que les dunes, qui offrent aux racines une profondeur de sable de plusieurs dizaines de mètres, sont couvertes de pins incomparablement plus beaux que ceux des landes et rapportent, année moyenne, un intérêt presque double. De même le mélèze, cet arbre si précieux, qu'on a semé par centaines de millions en Irlande et en l'Ecosse, languit sur le sol des landes, tandis qu'il se développe avec vigueur sur le sable des dunes, où il peut darder librement sa longue racine pivotante. Les arbres auxquels le plateau landais est le plus approprié sont évidemment ceux dont les racines rampent parallèlement à la surface du sol. Tels sont l'acacia, le mûrier, tel est aussi l'allante, qui sera peut-être un jour une source de richesses pour ce pays, jadis si déshérité. Le terrain lui convient admirablement, et l'on a tout lieu de croire que le climat doux de la contrée sera favorable à l'élève des vers à soie qui se nourrissent des feuilles de cet arbre.

Pour se faire une idée de la puissance de production que peut avoir le sol des landes lorsqu'il est bien dirigé, il faut aller visiter le domaine de Geneste, situé à 15 kilomètres au nord de Bordeaux, sur la route de Lesparre. Achetée il y a quarante-deux ans pour un prix qui serait aujourd'hui considéré comme purement nominal, cette étendue de 300 hectares ne produisait que des genêts, des ajoncs et des bruyères : actuellement elle est sans aucun doute le plus beau jardin d'acclimatation qui existe en Europe. La propriété, qu'assainissent des fossés d'écoulement, est divisée en carrés de 10 ares au moyen de larges chemins dont la terre végétale a été reportée sur les plates-bandes. Ainsi exhaussé de plus d'un demi-pied, le sol, doublé pour ainsi dire, offre une épaisseur moyenne de 70 centimètres, et donne une vigueur extraordinaire aux plantes qu'on lui confie. Les pépinières renferment en abondance des pins et des chênes d'espèces diverses adaptées au sol et au climat des landes. A côté des pins maritimes ordinaires s'élèvent des milliers de pins de Riga, droits comme des mâts de navire, et destinés à fournir d'excellent bois de charpente ; puis viennent des pins de Corte, pins hâtifs que les pins des landes et fournissant une résine d'aussi bonne qualité; ailleurs ce sont des pins de Weymouth, des mélèzes, et toute la série des chênes de l'Amérique du Nord, depuis le *tinctoria*, aux feuilles longues d'un pied, jusqu'au *palustris*, dont le bois émousse la hache. Dans le parc de plaisance, on se promène sous l'ombrage d'arbres exotiques d'une admirable venue. Cèdres du Liban, araucarias, tulipiers, magnolias, séquoias de la Californie, se développent avec une rapidité inconnue dans presque tous les autres jardins de France. Les liquidambars, hauts de 30 mètres, ont le tronc aussi droit et aussi pur que s'il eût été coulé dans un moule. Les cyprès de la Louisiane sont plus beaux et plus garnis de branches que ceux des forêts mississipiennes.

Un bien petit nombre de propriétés des landes peuvent être comparées de loin au domaine de Geneste pour la variété des arbres et la beauté des ombrages; mais les progrès accomplis sous ce rapport pendant les dernières années n'en sont pas moins très remarquables. Les parcs, les vergers, les pépinières, se succèdent sans interruption de chaque côté des routes qui rayonnent en éventail autour de Bordeaux, et chaque année ces bandes de verdure se projettent plus avant dans l'intérieur des landes. De nouvelles plantations, facilitées par l'économie des transports et par l'existence des fossés d'écoulement, enveloppent d'une ceinture d'arbres chaque station du chemin de fer de Bayonne, et se prolongent à droite et à gauche de la voie sur la plus grande étendue de son parcours. Des forêts naissantes s'élèvent également sur les bords des routes agricoles et départementales qui traversent la contrée. Tout le système des chemins peut être considéré comme un réseau nerveux dont chaque hameau est un ganglion répandant autour de lui le mouvement et la vie.

Une loi spéciale, votée en 1857, a puissamment contribué à hâter la prochaine transformation des landes en une vaste forêt. Cette loi, modelée en partie sur le décret de 1810, qui remettait à l'état le soin d'ensemencer les dunes, enjoint aux communes d'assainir et d'ensemencer chaque année la douzième partie de leurs landes sous peine de voir l'état se charger lui-même de la besogne et se

II. LES LANDES DU MÉDOC ET LES DUNES DE LA COTE

constituer propriétaire des plantations jusqu'à remboursement complet de ses frais de culture. Sous cette menace à peine déguisée d'expropriation pure et simple, les communes ne pouvaient hésiter un seul instant. La plupart d'entre elles, trop pauvres pour commencer immédiatement les travaux prescrits par la loi, ont résolu de vendre une partie de leurs landes afin de conserver le reste et de garder leurs prérogatives de propriétaires [12]. Les riches acquéreurs s'empressent d'augmenter la valeur de leurs domaines par des ensemencements ou des plantations, tandis que les communes pourvues des fonds nécessaires se mettent également à l'œuvre et remplacent leurs bruyères par des semis de pins. Ainsi particuliers et municipalités travaillent avec la même ardeur à la transformation du pays; sur presque tous les points du plateau, on aperçoit déjà de jeunes tiges de pins se dressant au-dessus du sol. Dans quelques années, les landes auront cessé d'exister; à leur place s'étendront de vastes forêts, semblables à celles qui couvrent toute la zone du littoral entre Dax et Mimizan. Cent millions de grands pins, dix millions de chênes frémiront au vent sur ce plateau désert que recouvraient autrefois des plantes sauvages et des mares d'eau croupissantes.

L'essence choisie presque à l'exclusion de toutes les autres par les sylviculteurs des landes est le pin maritime. En cela du reste, ils n'ont fait qu'obéir aux traditions immémoriales du pays, car, aussi loin que remonte l'histoire dans les âges passés, on voit les landais s'occuper de la culture du pin, et l'on a découvert en plusieurs endroits, sous d'épaisses couches de tourbe, des troncs portant encore les incisions du résinier. La facilité de culture, l'abondance des produits du pin maritime expliquent aussi la faveur dont jouit cet arbre utile. En effet, de dix à vingt-cinq ans, les semis, qu'on éclaircit périodiquement, fournissent des échalas, des poteaux de télégraphes, des pieux pour le soutènement du plafond des mines. A vingt ans déjà, quelques arbres devenus assez forts peuvent être entaillés sans risque; toutefois on attend le plus souvent que les pins soient âgés de vingt-cinq ans pour les mettre en production. En donnant, année moyenne, près de deux bouteilles de résine, le pin peut vivre un siècle et au-delà; mais de temps en temps on entaille *à mort* les troncs défectueux pour ne laisser que les plus beaux. Les souches de pins abattus servent à fabriquer du goudron, et les tiges elles-mêmes sont employées comme bois de charpente ou de menuiserie. On voit que tout peut être utilisé dans ces arbres précieux. En temps ordinaire, l'hectare de pins rapporte de 60 à 70 francs chaque année.

Une cause toute temporaire contribue en ce moment à donner une valeur exceptionnelle aux bois de pins. Cette cause, c'est la guerre civile de la république américaine. Il y a trois ans, les forêts de pins du versant oriental des Apalaches fournissaient toutes les qualités supérieures de térébenthine, de colophane, de goudron, et, grâce à l'excellence de leurs produits, avaient conquis le monopole des principaux marchés de l'Europe. Les résines des landes, souvent impures et mal préparées, n'avaient pas d'acheteurs à l'étranger, et même en France devaient lutter contre les produits similaires des États-Unis. Soudain la guerre a causé dans le commerce des matières résineuses une révolution analogue à celle des cotons. Les propriétaires landais se sont trouvés riches tout à coup. La barrique de *gemme* ou de résine molle, qui se vendait de 40 à 45 francs, a quadruplé de valeur; en beaucoup d'endroits, le revenu annuel d'un hectare de pins a dépassé le prix d'achat; les simples résiniers auxquels on abandonnait autrefois la moitié de la récolte, et qui n'en reçoivent maintenant que le tiers, sont devenus eux-mêmes de petits capitalistes. La résine, aujourd'hui plus chère que le bon vin, est considérée comme une substance des plus précieuses, et les paysans ont abandonné l'usage de ces vilaines chandelles jaunes qui projetaient une acre fumée et crépitaient sans cesse en répandant autour d'elles d'innombrables gouttelettes aussitôt figées. Sous l'influence des hauts prix, la production s'est considérablement activée. Les hommes prudents se sont contentés d'adopter l'usage du godet *Hugues*, que l'on cloue sur le pin au-dessous de l'incision, et qui recueille presque toute la gemme à l'état pur; mais un grand nombre de propriétaires, voulant profiter de la hausse extraordinaire des résines, se rendent coupables d'une véritable barbarie à l'égard de leurs arbres et font pratiquer sur les troncs quatre incisions à la fois. Des milliers d'arbres, destinés peut-être à vivre encore un siècle, périssent ainsi comme des hommes saignés aux quatre veines, et seront remplacés au plus tôt dans une vingtaine d'années par les pins qu'on sème actuellement. Par suite de l'imprévoyante cupidité des habitants et malgré la

II. LES LANDES DU MÉDOC ET LES DUNES DE LA COTE

transformation des landes en bois de pins, il se pourrait bien que les matières résineuses vinssent à manquer pendant quelques années sur le marché de Bordeaux.

Quoi qu'il en soit, l'industrie principale des anciens landais est définitivement condamnée. L'espace manque aux troupeaux de brebis qui paissaient dans les bruyères; ils battent en retraite devant la forêt, et bientôt ils auront disparu. Les bergers nomades qui les conduisaient cesseront en même temps de parcourir les solitudes à 3 mètres au-dessus du sol, et, descendant de leurs échasses sur le sol affermi de la forêt, ils se livreront à un travail sédentaire. La plupart, devenus résiniers, s'occuperont de l'exploitation des pins; d'autres élèveront quelques têtes de gros bétail dans les clairières; d'autres encore seront obligés de se faire cultivateurs et défricheront de petits champs dans les endroits les plus favorablement situés pour la production et l'écoulement des céréales ou des racines alimentaires. Quant à l'agriculture proprement dite, on ne saurait espérer qu'elle fasse de longtemps des progrès considérables, car la population est encore beaucoup trop clairsemée dans la région des landes; l'amour de la propriété, la distribution de salaires élevés ou la jouissance d'avantages exceptionnels pourront seuls vaincre l'attraction exercée par la ville de Bordeaux sur les paysans des campagnes environnantes. Pendant les cinq années qui se sont écoulées de 1856 à 1861, la population des 59 communes des landes situées au nord du bassin d'Arcachon et du chemin de fer de Bayonne s'est augmentée seulement de 2,770 habitants ou d'un vingt-sixième environ. C'est un accroissement qui semble bien faible pour un pays où tant de travaux divers ont été entrepris; mais il est très fort pour une contrée voisine d'une grande cité : il ne faut pas oublier que pendant le même espace de temps les communes rurales des départements pyrénéens perdaient plus de seize mille âmes par suite de l'émigration.

Si la population s'est lentement accrue, elle a du moins singulièrement gagné en bien-être, et l'aspect des plus minces hameaux suffit pour accuser le développement de la prospérité matérielle. Il existe même des villages landais de construction récente qui n'ont pas d'égaux en France pour l'heureuse distribution et la propreté. Tel est le village des Places, qui constitue la partie centrale du bourg d'Audenge, non loin de la rive du bassin d'Arcachon, La rue est bordée de chaque côté par trois rangées d'arbres divers formant de belles avenues. Entre les troncs des arbres, on aperçoit des maisons bâties en pierre de Nantes ou en minerai de fer, mais toutes blanchies à la chaux, toutes espacées à égales distances, toutes séparées les unes des autres par des jardins potagers et précédées de jardins d'agrément où des plantes exotiques épanouissent leurs fleurs. Il faudrait aller jusqu'en Amérique pour trouver une ville offrant une disposition plus régulière et plus hygiénique : on croirait se trouver dans la grande cité des mormons, la Nouvelle-Jérusalem, décrite par M. Jules Remy, et plus tard par M. Burton.

L'assainissement du sol, et par conséquent la salubrité générale font beaucoup plus de progrès que la culture, et contribuent à l'accroissement de la population. Presque toute la lande rase est maintenant soulagée de ses eaux dormantes par des fossés d'écoulement, et si ce n'est pour la traversée des bas-fonds marécageux et des ruisseaux, on pourrait facilement se passer d'échasses. Les habitants de presque tous les villages ont cessé de boire cette eau rougeâtre et chargée de détritus qu'on obtient en brisant la couche d'alios; désormais ils vont chercher l'eau à une plus grande profondeur au moyen de puits à parois imperméables et garnis au fond de couches de sable argileux et de débris calcaires servant de filtre. La pellagre est combattue dans chaque commune par l'emploi des bains sulfureux. En outre des lois ont été votées pour autoriser l'assèchement partiel des étangs du littoral et le drainage complet des marais de Vendays. Le niveau de ces réservoirs, qu'alimentent presque uniquement les pluies de l'hiver et du printemps, change au moins deux fois par an. Pendant la saison des pluies, les étangs débordent sur les terrains bas qui s'étendent à l'orient; parfois la crue verticale approche de 1 mètre et la surface d'inondation s'accroît en largeur de 1 et même de 2 kilomètres. Les débris animaux et végétaux sont poussés par le vent d'ouest dans les anses les moins profondes; mais dès que les chaleurs de l'été ont fait évaporer les eaux débordées, les couches d'alluvions organiques fermentent, se putréfient sous les ardeurs du soleil, et répandent leurs miasmes mortels dans l'atmosphère. Pour remédier à cet état de choses, les entrepreneurs du canal de déversement ont imaginé d'abaisser de près de 2 mètres le niveau moyen des grands étangs

II. LES LANDES DU MÉDOC ET LES DUNES DE LA COTE

d'Hourtin et de La Canau, et d'assécher complètement les petits étangs ou *clas* déjà traversés par le déversoir marécageux qui va se jeter dans le bassin d'Arcachon. Une porte d'écluse construite à l'extrémité méridionale de l'étang de La Canau maintiendrait le niveau des nappes lacustres à une hauteur constante, et préviendrait à jamais le dégagement des miasmes paludéens. Le petit canal, auquel les ingénieurs comptent donner une largeur de 10 mètres, serait en outre pourvu de barrages qui permettraient aux bateaux de remonter du bassin d'Arcachon jusque dans l'étang d'Hourtin. Les travaux de canalisation sont commencés depuis plusieurs années; mais, soit esprit de routine, soit griefs sérieux, les paysans pauvres voient en général cette entreprise d'un assez mauvais œil. Ils prétendent, à tort ou à raison, que ces améliorations ne leur profitent aucunement, et qu'ils perdent en même temps et sans dédommagement réel leurs bruyères et leurs pêcheries. Quant aux fièvres endémiques, plusieurs en nient tout simplement l'existence, oubliant que le nom d'un de leurs villages. Le Porge, est synonyme de cimetière.

Bien que les transitions d'une industrie à l'autre soient toujours accompagnées de souffrances individuelles, on ne saurait nier cependant que la condition des landais ne se soit améliorée sous tous les rapports. Les convois du chemin de fer parcourent à grand bruit les déserts du Médoc et les mettent en communication avec le monde entier. Une autre voie ferrée va bientôt côtoyer la lande dans toute sa longueur, de Bordeaux à la pointe de Grave. Les principaux villages, naguère perdus dans la solitude, sont maintenant reliés par des grandes routes à Bordeaux et aux villes du Médoc. Les habitants ont été arrachés à la vie sauvage et participent au mouvement général de la société. La plupart des enfants vont à l'école; le journal et même les livres ont pénétré dans la forêt; le médecin a remplacé le sorcier pour le traitement des maladies. Le territoire français s'est enrichi de toute une province, qui sans aucun doute sera l'une des plus charmantes, grâce à ses dunes, à ses étangs, à ses vastes forêts. Et pour avoir été pacifique, pour n'avoir point coûté de sang, cette conquête des landes ne sera pas moins utile et sera plus durable que celle de bien des colonies lointaines achetées au prix de milliers de précieuses vies.

NOTES

1. Voyez, dans la Revue du 15 décembre 1862, l'Embouchure de la Gironde.

2. Il y a quelques jours à peine, un incendie dévorait entre Hourtin et La Canau une forêt de plusieurs kilomètres carrés de superficie.

3. C'est le nom qui désigne les habitants de cette région des landes; on les appelle aussi Landescots.

4. Jambe, os de la jambe.

5. Dans une première étude sur le littoral de la France, j'attribuais à M. Amédée Kérédan l'initiative des déblais qui ont complètement dégagé cette ancienne chapelle. C'était une erreur. Dès l'année 1843, un inspecteur des écoles de la Gironde, M. Reclus, avait obtenu pour cette œuvre une souscription de deux mille journées de travail. Plus tard, en 1856, MM. Ribadieu et Pépin d'Escurac attirèrent de nouveau l'attention du public sur ce monument du moyen âge, et c'est principalement à leurs efforts qu'on doit la restauration finale de la chapelle.

6. Un géologue qui a longtemps et sérieusement étudié les dunes de la Gironde, M. Raulin, a trouvé que la pente occidentale des dunes dont la base n'est pas rongée par la mer est en moyenne de 7 à 12 degrés. La pente orientale est de 29 à 32 degrés, c'est-à-dire trois fois plus forte; elle serait de 45 degrés, si les pluies ne ravinaient les talus et n'en prolongeaient ainsi la pente.

7. L'un d'eux remporta un prix que M. Élie de Beaumont, avocat au parlement de Paris, avait fondé en 1773 pour l'auteur du projet le plus acceptable sur la fixation des dunes.

8. Dans les dunes plus éloignées des grandes routes, le semis d'un hectare de sable revenait à 450 francs. Maintenant les frais se sont abaissés; ils ne sont plus que de 140 à 150 francs.

9. La valeur actuelle des forêts des dunes est de 25 millions, soit de 600 francs l'hectare. Brémontier estimait qu'une fois mis en valeur, tous les sables du littoral devraient rapporter 500,000 francs par an. Les prévisions seront grandement dépassées.

10. Le niveau des étangs de Biscarosse et de Sainte-Eulalie,

II. LES LANDES DU MÉDOC ET LES DUNES DE LA COTE

situés au sud du bassin d'Arcachon, a baissé de quatre pieds depuis que les dunes environnantes ont été complantées.

11. Le prix minimum est maintenant de 6 centimes par mètre de fossé, soit 24 francs par hectare.

12. En 1860, les communes du département de la Gironde possédaient 107,000 hectares de landes. Lo prix moyen des ventes est de 90 francs par hectare.

III. LES PLAGES ET LE BASSIN D'ARCACHON.

Jadis perdu dans la solitude rarement violée des landes, le bassin d'Arcachon n'était visité que par les goélands et les canards sauvages, et les habitants clairsemés de ses bords étaient pour la plupart des hommes incultes, privés de toute communication avec le reste du monde. Semblable et même supérieure, sous bien des rapports, aux estuaires brumeux des Pays-Bas, la petite mer intérieure d'Arcachon formait avec eux un contraste absolu par son aspect désert et son état d'abandon. Autant le Zuyderzée et les bouches de la Meuse présentent, depuis des siècles, d'animation sur leurs eaux et sur leurs bords, autant le bassin d'Arcachon et ses plages offraient de tristesse solennelle il y a quelques années. Au-dessus des digues qui bordent les rivages hollandais apparaissent en longues rangées les villages, les fermes, les moulins à vent ; la surface des golfes est toute parsemée d'embarcations, et dans chaque crique se balance une petite forêt de mâts. Récemment encore, les eaux du bassin d'Arcachon ne portaient que des barques et des chaloupes de pêche ; sur les bords, on ne voyait que des marécages, des forêts de couleur sombre, et çà et là quelque maison basse en pierre ou en bois. Aujourd'hui ce coin de la France, que visitent en même temps la mode et le commerce, est en voie de transformation rapide ; mais, quelles que soient les modifications apportées par le progrès moderne, elles n'enlèveront point à cette région géographique les caractères distinctifs qui en font un petit monde à part, ayant une même histoire dans le passé et une même destinée dans l'avenir. La série de nos études sur le littoral de la France ne peut donc mieux se continuer que par le tableau de cette région où les dunes et la plaine, les forêts et les bruyères, les promontoires, les chenaux et les bancs de sable alternent de manière à composer un ensemble harmonieux.

I

Le bassin d'Arcachon doit évidemment sa forme présente aux mêmes agents qui, pendant le cours des siècles, ont séparé de la mer et graduellement repoussé dans l'intérieur du continent les anciennes baies de Carcans, de La Canau, de Biscarrosse,

III. LES PLAGES ET LE BASSIN D'ARCACHON.

aujourd'hui changées en étangs. Les chaînes de dunes parallèles qui se dressent en barrière entre la zone lacustre du Médoc et le rivage de l'Atlantique se prolongent aussi, comme une immense digue, au-devant du bassin ; mais elles n'ont pu en fermer complètement l'entrée. Un détroit de plus de 3 kilomètres de largeur fait encore communiquer les eaux du golfe de Gascogne et celles de la petite mer d'Arcachon. Cet ancien estuaire, situé à l'issue d'une dépression profonde où coule la Leyre, la rivière la plus considérable du plateau des landes, a de tout temps renfermé une masse d'eau assez puissante pour que les courants alternatifs du flux et du reflux aient-pu maintenir une large ouverture au bassin en écrêtant sans cesse la barre qui continue le rivage des landes ; mais si les sables rejetés par les vagues n'ont pu isoler complètement l'estuaire d'Arcachon et changer cette baie d'eau salée en étang d'eau douce, ils en ont du moins considérablement déplacé l'entrée en la repoussant par degrés vers le sud. Le détroit de communication se reploie parallèlement à la mer, de manière à former un angle droit avec l'axe du bassin. Du milieu de cette grande nappe d'eau, on voit s'arrondir de toutes parts un horizon de terres, et si l'on ne savait dans quelle direction se trouve l'Océan, ce serait précisément là où il n'est pas, c'est-à-dire du côté des plages basses de l'intérieur, qu'on serait tenté de le chercher.

L'espace triangulaire que remplissent à haute marée les eaux du bassin comprend plus de 150 kilomètres carrés, et le développement des rivages dépasse 60 kilomètres. L'aspect de cette vaste étendue change à toute heure du jour, suivant les oscillations de la marée, qui atteignent à l'époque des équinoxes une amplitude de près de 5 mètres. Au moment de la plus grande élévation du flot, la surface du bassin est une immense nappe d'eau verdâtre qui semble se confondre au loin avec les rivages indécis des landes marécageuses ; une seule terre, difficile à distinguer de ces longues traînées, tantôt obscures, tantôt lumineuses, qui sont dues à la fois aux reflets du ciel et à la marche des courants, se dessiné au-dessus des flots de marée : c'est l'île aux Oiseaux. À mesure cependant que le niveau s'abaisse sous l'action du reflux, l'île s'allonge et s'élargit, les pointes de sable ou de vase s'avancent dans l'intérieur du bassin, des bancs émergent çà et là, et lorsque le jusant a ramené dans la mer toute l'eau apportée par le flux, il ne reste plus, au lieu de l'immense nappe liquide, que des chenaux plus ou moins étroits serpentant sur le fond de la baie mis à découvert. À l'époque des plus basses marées, ces chenaux tortueux et leurs nombreuses ramifications, qu'on a souvent comparées aux suçoirs d'une gigantesque méduse, ne recouvrent même pas le tiers du bassin : tout le reste de l'espace est occupé par des bancs auxquels l'aspect de leurs vases molles a fait donner le nom de *crassats*.

Lorsque ces surfaces plus ou moins vaseuses, que le flot cache et révèle tour à tour, apparaissent au-dessus des eaux, elles donnent à l'ensemble du bassin un aspect pareil à celui des grandes lagunes marécageuses des régions non encore habitées par l'homme. On croirait avoir sous les yeux une image du chaos primitif, tant les eaux et les terres se pénètrent et s'entremêlent. Souvent, lorsque le ciel est couvert de nuages, on ne sait plus reconnaître ni les chenaux, ni les crassats, dans les stries parallèles qui raient la superficie de l'étang. Tout semble confondu en une même masse plus ou moins liquide. Des champs de boue, revêtus de salicornes rouges et d'autres plantes marines, séparent le rivage solide de cette surface douteuse, qui n'est plus la mer et qui n'est pas le continent. Les *trembleyres* ou « prairies tremblantes » qui marquent les contours des anciennes baies, les savanes que parsèment des bouquets d'arbres, et que des coulées tortueuses divisent en îles et en presqu'îles, enfin les forêts et les dunes qui bornent à l'ouest la dépression du bassin, complètent le paysage étrange et primitif offert par l'aspect des eaux, des sables et des boues.

Quoi qu'en disent les érudits du département, il n'est pas probable que ces rivages aient jamais été habités par une population considérable. C'est de là que nombre d'écrivains gascons font partir les conquérants qui, sous la conduite de leurs *brenns*, allèrent envahir l'Italie, la Germanie, toute l'Europe orientale, et fondèrent des établissements permanents jusque dans l'Asie-Mineure ; mais il est plus facile d'admettre que les Boïens du littoral, au lieu d'avoir, comme une ruche d'abeilles trop remplie, répandu leurs essaims dans les contrées lointaines, n'étaient eux-mêmes qu'une simple colonie envoyée dans le pays des Ibères par quelque puissante tribu celtique de la Gaule centrale. À cette époque aussi bien que de nos jours, le sol des landes n'était pas assez riche pour nourrir une population nombreuse. Des marais et des étangs, auxquels

III. LES PLAGES ET LE BASSIN D'ARCACHON.

on n'avait pas su procurer d'écoulement, couvraient de vastes surfaces ; tout autour s'étendaient à perte de vue les bruyères et les ajoncs. Forcément limité par les difficultés de la vie matérielle, le nombre des Boïens devait se mesurer aux ressources qu'offraient la chasse, les pêcheries du bassin et peut-être aussi le commerce de la résine. Le poisson, plus abondant et surtout plus facile à prendre que le gibier, devait former l'aliment principal de la tribu : aussi tous les villages des Boïens se trouvaient-ils ; comme ceux de leurs descendants, à une faible distance du rivage. Sur certaines plages basses que menaçait le flot de marée, les pêcheurs avaient eu soin d'élever de petits monticules sur lesquels ils plaçaient leurs demeures, et qui leur permettaient de dominer au loin la vaste étendue des flots et des savanes. On voit encore sur les bords du bassin d'Arcachon plusieurs de ces *tombelles*, assez bien conservées.

Le principal village des Boïens portait le nom de la tribu, *Boïos*. Ce n'était sans doute qu'une localité peu importante, car l'*Itinéraire* d'Antonin est le premier document qui en signale l'existence. Une voie romaine, suivant à peu près le même tracé que la route actuelle et le chemin de fer, mettait Boïos en communication avec Bordeaux ; une autre voie reliait la petite cité à la grande route des Gaules en Espagne ; mais sur quel emplacement était-elle située ? On ne le sait pas exactement. D'après la tradition, le guide le plus sûr en pareille matière, Boïos se trouvait autrefois à plusieurs kilomètres de distance à l'ouest de La Teste de Buch. Aux premiers siècles du christianisme, cette bourgade fut ravagée par les Barbares, et, chose plus terrible encore, elle perdit le rempart de forêts qui la protégeait contre la marche des dunes. Maintenant le lieu qu'elle occupa est recouvert par des collines mouvantes ou par les eaux de l'Océan. Fuyant devant les sables, les Boïens ou *Bouges* fondèrent un deuxième village plus à l'est, dans la *séoube (sylva)* où s'élèvent aujourd'hui les monticules connus sous le nom de Dunes de l'Église. Des amas de briques et de plâtras, au milieu desquels on a récemment découvert plusieurs squelettes, marquent encore la placé occupée par le village des fugitifs. Sans doute la forêt protectrice qui retenait les sables fut détruite pour la seconde fois par la hache ou par le feu, car La Teste de Buch, ou capitale des Bougès, dut se déplacer encore et s'établir plus à l'est, à l'endroit où elle se trouve aujourd'hui. De même que la plupart des autres bourgades du littoral, le village poursuivi eût continué son voyage à travers le plateau des landes, si Brémontrer et ses successeurs n'avaient, par de nouveaux semis, définitivement arrêté la dune envahissante.

Sauf ces migrations périodiques, l'histoire des Bougès se réduit à peu de chose. Grâce à leur pauvreté et à leur éloignement de ces grands chemins des nations où passaient continuellement les armées en marche, les habitants riverains du bassin d'Arcachon eurent, pendant les guerres incessantes du moyen âge, moins souvent à subir les horreurs de la conquête que leurs voisins du Bordelais ; mais ils durent payer par un rude esclavage le douteux honneur d'avoir pour maîtres de puissants barons, fameux dans les fastes des batailles. Les seigneurs de La Teste, mieux connus sous le nom de *captaux* de Buch, exerçaient le droit de haute et de basse justice, c'est-à-dire que dans toute l'étendue de leur domaine ils pouvaient emprisonner ou mettre à mort leurs sujets sans en référer à un tribunal, ni à leur suzerain de France ou d'Angleterre. Ils possédaient en toute propriété les landes, les forêts, les cultures et les pêcheries du captalat ; tout berger, tout laboureur était serf et leur appartenait comme une tête de bétail ; des chartes octroyées en bonne forme par le roi d'Angleterre leur assuraient à jamais la possession des manants du pays. Le célèbre Jehan de Grailly, qui pendit tant de *Jacques* pour le compte de ses bons amis de France et de Navarre, faisait son métier de massacreur avec la bonne conscience que lui donnaient ses droits de maître absolu sur son peuple de La Teste. Soumis à un tel régime, qui d'ailleurs était celui de presque toute la France, les villages du captalat de Buch ne pouvaient guère prospérer. L'arbitraire et la servitude changeaient le pays en un désert. Vers 1500, on comptait seulement une quarantaine de maisons à La Teste, la capitale de toute la contrée. Plus tard, chaque atteinte portée au pouvoir féodal eut aussitôt pour résultat l'accroissement de la population, du commerce et de la richesse ; cependant, vers la fin du siècle dernier, M. de Villers évaluait à quatre mille seulement le nombre des habitants de toutes les communes riveraines du bassin [1]. Depuis lors, la révolution de 1789 a établi enfin le régime du droit commun, et préparé la situation actuelle ; mais il reste encore quelque chose à faire, puisque diverses coutumes léguées par les siècles du moyen âge ont empêché jusqu'à nos jours la constitution définitive de la propriété dans les forêts voisines.

Comme tous les villages des landes, La Teste et les autres localités du littoral d'Arcachon sont habitées en partie par des résiniers ; mais à ces hommes sauvages, qui semblent tenir de la nature des grands bois au fond desquels ils passent presque toute leur existence, il faut ajouter les marins et les pêcheurs, qui de leur côté se trouvent moins souvent dans leurs maisons qu'à bord de leurs *pinasses*, sur les eaux du bassin ou de l'Océan. Parfois la population masculine presque entière, à l'exception des infirmes et des enfants, est absente des villages, et seulement un petit nombre de femmes restent pour garder les demeures et vaquer aux soins du ménage. Résiniers et marins formaient jadis comme deux races distinctes et vivaient dans un état d'hostilité plus ou moins ouverte. Si l'antagonisme a disparu de nos jours, le contraste persiste, et il ne faut pas avoir séjourné longtemps dans le pays pour savoir distinguer les hommes exerçant l'un ou l'autre métier. Le résinier se fait remarquer par ses membres grêles, ses joues pâles et creuses, son regard fixe, son silence obstiné, la sauvagerie de ses mœurs, sa rigide économie : il est sombre comme si le mystère de la forêt pesait toujours sur lui, et quand il se déride, sa gaîté fait une explosion féroce. Le marin au contraire est un joyeux compagnon ; son teint hâlé est pourtant rose, ses membres sont forts, sa démarche assurée : il aime à rire et à chanter, il dépense généreusement le produit de ses pénibles voyages. Il faut ajouter toutefois que les progrès de l'instruction et du bien-être atténuent peu à peu la différence qui existe entre les deux classes. Le résinier a déposé sa veste rouge pour prendre le costume ordinaire des paysans ; grâce au renchérissement constant des produits qu'il livre au commerce, il peut s'acheter des champs, se bâtir une maison, modifier son genre de vie sordide ; sa position sociale s'améliore, et, devenant un bourgeois à la ville, il cesse d'être un sauvage dans les bois.

Avant la construction du chemin de fer, La Teste de Buch était l'entrepôt de tous les villages du littoral des landes jusqu'au-delà de Mimizan. Les marins du bassin d'Arcachon étaient alors les intermédiaires d'un assez grand commerce avec les ports de la Bretagne, principalement avec Nantes : c'est là qu'il allaient vendre toutes les résines de la contrée pour apporter en échange diverses denrées et des pierres de construction. Ils ne faisaient aucun trafic avec Bordeaux, sans doute parce que cette ville pouvait s'approvisionner à meilleur compte de résines et de goudrons dans les communes environnantes ; lorsqu'un navire de La Teste entrait dans la Gironde, c'était uniquement pour échapper à la tempête. Les voies de communication rapide ont de nos jours presque entièrement supprimé la navigation de cabotage qui existait entre le bassin d'Arcachon et la Bretagne. Seulement quatre chasse-marée, ayant chacun de 50 à 80 tonneaux de jauge, se balancent sur les eaux du port de La Teste ou se penchent dans la vase des crassats. Il ne reste plus aux marins que la ressource de la pêche, soit en pleine mer, soit au milieu du bassin d'Arcachon. Heureusement, sur toute la partie du littoral français comprise entre Vannes et Saint-Jean-de-Luz, il n'existe pas de parages aussi poissonneux que ceux du quartier maritime de La Teste.

La pêche maritime, connue encore sous le vieux nom de *péougue*, dérivé du latin *pelagus*, n'est point exempte de dangers, car elle se fait pendant la saison des tourmentes, en hiver et au printemps. Après avoir franchi la barre, il faut tenir la mer par tous les temps, s'occuper à la fois de la pose des filets et du salut de l'embarcation, savoir, au moment propice, glisser sur les brisants, pressentir l'approche de la tempête pour rentrer à la hâte dans le bassin et quelquefois pour s'enfuir vers les abris qu'offrent l'embouchure de la Gironde ou les pertuis de la Saintonge. Malheureusement, dans ces parages du golfe de Gascogne, les variations atmosphériques se produisent d'une manière soudaine et parfois tout à fait imprévue. Il ne se passe guère de saison d'hiver sans qu'une ou plusieurs chaloupes de pêche ne périssent en essayant, malgré le vent, de forcer l'entrée du bassin d'Arcachon.

Il y a quelques années, les pêcheurs qui s'aventuraient sur la mer étaient encore bien plus exposés qu'ils ne le sont aujourd'hui : lorsqu'ils se laissaient surprendre par une violente tempête loin du rivage, il ne leur restait plus qu'à lutter contre une mort presque inévitable. Alors les chaloupes de pêche n'avaient pas même de quille, et le pont était remplacé par quelques solives sur lesquelles s'asseyaient les rameurs ; pourtant un équipage de treize hommes s'embarquait sur ces espèces de pirogues, à peine supérieures à celles des peuplades sauvages. Arrivés à l'endroit favorable, les

III. LES PLAGES ET LE BASSIN D'ARCACHON.

marins jetaient de lourds filets, réseaux de 100 mètres de longueur assujettis à des flotteurs de liège, puis ils veillaient. Quels que fussent l'état de l'atmosphère et les menaces de l'horizon, ils devaient se maintenir près du filet, qui représentait pour eux un capital de plusieurs centaines de francs et l'avenir de la famille. Malheur à eux quand la force du vent ou la hauteur des lames de fond les obligeait à laisser dans la mer leurs engins de pêche, et à s'enfuir vers l'estuaire de la Gironde, éloigné de plus de 100 kilomètres ! Malheur aussi lorsqu'ils étaient surpris par l'orage après une pêche abondante et que les bordages de leur bateau pesamment chargé étaient à peine élevés de quelques pouces au-dessus de la mer ! Pour empêcher les vagues de déferler dans la pinasse, ils tendaient une toile en guise de pont ; mais contre la mer furieuse c'était là un bien faible obstacle, et chaque lame qui passait sur la tête des marins remplissait à demi la frêle embarcation. Parfois un seul coup de vague faisait sombrer le bateau en pleine mer. Pendant l'hiver de 1835 à 1836, une flottille de six chaloupes, portant soixante-dix-huit pêcheurs de La Teste, fut engloutie en un seul jour. Les débris des bateaux et les cadavres furent roulés par les flots le long de la plage des landes du Médoc, et plusieurs semaines après le désastre on découvrait encore çà et là des lambeaux de chair humaine à demi mangés par les crabes.

Depuis cet événement terrible, qui fit des centaines d'orphelins à La Teste, quelques armateurs firent construire pour la pêche des embarcations insubmersibles ; mais ils eurent à lutter contre l'opposition des marins eux-mêmes, qui ne voulaient pas monter sur ces bateaux dans la crainte puérile qu'on ne les accusât de lâcheté. Cependant on a graduellement remplacé toutes les anciennes barques par des bateaux pontés, et le matériel de pêche a été modifié. Les chaloupes surprises par la tempête peuvent du moins tenir la mer sans courir le risque de sombrer sous le poids des vagues et ne sont en danger imminent de perdition que dans le voisinage des côtes. Au lieu des filets lourds et coûteux qu'on employait autrefois, on se sert du *chalut*, espèce de sac qui traîne sur le fond de la mer derrière le navire, et dans lequel les poissons, gros et petits, viennent se prendre d'eux-mêmes. Un équipage de trois hommes suffit à la manœuvre, tandis que treize matelots étaient jadis nécessaires pour le même travail.

Si l'existence des pêcheurs du bassin est moins dangereuse que celle des marins de la *péougue*, elle n'est guère moins fatigante et moins rude pendant les mauvais temps. À chaque bourrasque, l'eau du bassin se hérisse en lames courtes et pointues qui secouent et disloquent les embarcations ; les vents, masqués par les dunes et les promontoires, changent encore plus brusquement qu'en pleine mer ; les bancs de sable, cachés sous la surface de l'eau, obligent les rameurs à faire de continuels détours. Et puis le flux et le reflux n'attendent pas ; il faut être prêt en même temps qu'eux pour se faire porter aux pêcheries par la force du courant et ne perdre aucun des moments favorables à la prise du poisson. Ceux qui veulent recueillir des coquillages sur les crassats ne sont pas moins pressés. Ils arrivent à l'instant précis où le banc de vase commence d'émerger, puis ils descendent sur l'îlot sans cesse agrandi et s'attachent aux pieds des *patins* ou planchettes de forme carrée, qui les soutiennent sur la vase molle ; ils suivent lentement, et courbés en deux, le flot, qui se retire par degrés. Au changement de marée, les pêcheurs battent en retraite à leur tour et travaillent à reculons. Enfin, quand la lisière d'écume se resserre autour d'eux et les environne de cercles de plus en plus étroits, il ne leur reste qu'à sauter dans leur barque, soulevée par l'eau montante.

Poissons et coquillages sont portés à la ménagère, qui est le véritable chef de la maison, aussi bien à La Teste que dans toutes les autres villes du littoral français habitées par des pêcheurs. C'est la femme qui dirige seule les affaires de la communauté pendant les longues absences du mari. Sur elle peut tomber aussi d'un moment à l'autre tout le poids de la famille, et si par malheur l'homme périt dans quelque naufrage, c'est à elle qu'incombe le soin d'élever les fils pour ce dangereux métier de marin qui a déjà coûté la vie à leur père. La femme décide le plus souvent en dernier ressort dans toutes les transactions commerciales, et se charge de vendre les produits journaliers de la pêche. Avant que le chemin de fer de Bordeaux à La Teste fût construit, c'était bien souvent elle qui entreprenait, en charrette ou à cheval, le pénible voyage de Bordeaux ; en toute saison et par fous les temps, elle traversait de nuit les marais et les bruyères du Médoc afin d'arriver de bon matin sur le marché de la métropole et repartir aussitôt après avoir vendu sa marchandise. Les femmes et les *poissonniers* de profession étaient les seuls qui connussent la grande ville et qui en racontassent les merveilles aux pêcheurs et aux résiniers de La Teste, enfermés de tous côtés par le désert des landes.

II

Quelques années à peine s'étaient écoulées depuis la construction des premiers chemins de fer que déjà Bordeaux, jalouse de posséder aussi une petite voie ferrée comme Paris, Lyon et les grandes cités de l'Angleterre, demandait la concession d'une ligne dirigée sur La Teste. Certainement ce n'était point l'un des travaux publics les plus importants que l'on pût entreprendre à cette époque. Le poisson frais, destiné à former le grand élément du trafic, ne valait pas les 5 ou 6 millions de francs que devait coûter l'établissement du chemin de fer, et l'on ne pouvait guère espérer alors que la pose des rails aurait un jour pour résultat la mise en culture et le peuplement des landes. Néanmoins les capitalistes bordelais, soutenus par le patriotisme local, réussirent à constituer leur société, et le 7 juillet 1841, deux années avant que les chemins de fer de Paris à Orléans et à Rouen fussent inaugurés, celui de Bordeaux à La Teste était ouvert au public. Ainsi qu'on aurait pu s'y attendre, le trafic ne fut pas même assez considérable pour couvrir les frais de l'entreprise, et si la compagnie ne tomba pas bientôt en faillite, ce fut grâce à de continuelles faveurs du gouvernement et à la patience des actionnaires. Enfin l'état dut placer le chemin sous séquestre et l'administrer lui-même jusqu'à ce qu'une société puissante vînt faire de cette insignifiante voie ferrée la tête de ligne du chemin de fer de Bordeaux à Bayonne, destiné à devenir un jour la grande artère transversale de l'Europe entre Arkhangel et Lisbonne.

Si les actionnaires n'ont pas eu à se féliciter de la construction du chemin de fer de La Teste, en revanche les habitants riverains du bassin d'Arcachon lui doivent leur prospérité. Grâce à la vapeur, une population jadis perdue dans le désert se trouvait reliée au reste du monde, et voyait s'ouvrir devant elle un avenir imprévu. Ce n'était plus par familles isolées, mais par centaines, que, pendant la belle saison, les baigneurs venaient de Bordeaux et du reste de la France se plonger dans les eaux du bassin et se promener sur les plages. Les fringantes amazones effarouchaient par leurs cavalcades les résiniers à demi sauvages. On commençait à construire des chalets, de somptueuses villas au milieu de ces dunes où, récemment encore, les habitants ne songeaient qu'à préparer cet *arcanson* [2] qui a donné son nom à la plage des bains et au bassin lui-même.

La ville naissante se développe sur plusieurs kilomètres de longueur entre le rivage sablonneux de la baie et le pied de hautes dunes couronnées de pins. Les grands arbres que la hache a respectés, les monticules couverts de broussailles, les fourrés d'arbousiers rappellent encore en divers endroits la nature sauvage ; mais au bord de l'eau il ne reste plus rien de l'ancienne forêt : partout s'élèvent des édifices capricieux et fantastiques imités de tous les styles et bariolés de toutes les couleurs. Des jardins odorants et touffus les entourent. Devant la plage de sable blanc, doucement inclinée et rayée d'herbes marines qu'a délaissées le flot, coulent tantôt vers l'extrémité du bassin, tantôt vers la haute mer, les eaux d'un profond canal sur lequel se balancent les bateaux de plaisance et les embarcations des pêcheurs. Au nord, l'île aux Oiseaux, les rivages d'Ares, de Lanton et d'Audenge se dessinent comme des lignes grises à la surface de l'eau, tandis que le promontoire boisé du Ferret s'allonge à l'ouest entre le bassin et la haute mer, dont on entend presque toujours gronder la voix terrible.

Arcachon ressemble d'une manière étonnante à ces villes américaines qui s'installent en pleine forêt vierge et projettent leurs rues dans la solitude, sans se préoccuper des obstacles. En se promenant sur le bord de la petite mer intérieure des landes, ceux qui connaissent la Louisiane pourraient se croire transportés à Madisonville, à la Passe-Christiane, à Pascagoula : ce sont les mêmes constructions éparses et entourées d'arbustes, les mêmes collines couvertes de pins, le même bassin aux longues plages basses. Cependant Arcachon est aujourd'hui plus prospère que ces villes de planteurs, abandonnées ou détruites depuis le commencement de la rébellion. De tous les côtés on voit s'élever de nouvelles constructions, des chalets suisses, des manoirs gothiques, des pavillons moresques et jusqu'à des pagodes hindoues et des temples chinois. Au sommet de l'une des principales dunes qui dominent Arcachon surgit une espèce de mosquée peinte de couleurs éclatantes ; plus haut encore se dresse une gracieuse tourelle à jour ;

III. LES PLAGES ET LE BASSIN D'ARCACHON.

au-delà, des maisonnettes éparses se nichent dans chaque repli des collines. La ville grandissante transforme graduellement la forêt en un parc de plaisance au moyen des allées sinueuses qu'elle projette au loin dans toutes les directions. La construction des maisons, la mise en culture des jardins, le percement des routes et tous les embellissements de la ville exigent un si grand nombre d'ouvriers que de proche en proche le taux des salaires augmente dans les localités environnantes et jusqu'à Bordeaux. En même temps la valeur des terrains s'accroît dans une proportion rapide, et des propriétaires qui retiraient un bien maigre profit de leurs forêts vendent maintenant le mètre carré de sable aussi cher que s'il était situé sur la grande rue d'une cité populeuse.

La petite ville de bains naguère inconnue a pris une fière devise qu'elle ne peut manquer de réaliser un jour : *Heri solitudo, hodie vicus, cras civitas*. La prospérité sur laquelle les habitants d'Arcachon comptent avec confiance ne saurait d'ailleurs étonner personne, car ce point du littoral offre toutes les conditions nécessaires pour attirer et retenir les visiteurs. Arcachon a surtout l'inappréciable privilège d'être situé à proximité d'un grand centre de population. Le court voyage de Bordeaux à la plage des bains n'est pas une fatigue. Une heure après avoir quitté les rues bruyantes et poudreuses de la ville, on peut se promener solitairement sur le sable au bord du flot marin. Bientôt des trains rapides abrégeront encore la distance, et trois quarts d'heure suffiront pour la traversée de toute la péninsule du Médoc entre la rive de la Garonne et celle du bassin. On le comprend : c'est là un avantage qui assure à la ville d'Arcachon une grande supériorité sur Royan et les autres stations de bains du golfe de Gascogne. Même, lorsque le chemin de fer de Bordeaux à la Pointe-de-Grave sera terminé, les voyageurs pourront gagner la baie d'Arcachon en deux fois moins de temps qu'il ne leur faudrait pour atteindre Royan ou la plage de Soulac. Pendant les jours de fête, les Bordelais se rendent souvent par centaines à Arcachon afin de s'y reposer quelques heures, et maintenant on parle d'organiser des trains spéciaux pour les personnes qui désirent passer leur soirée au casino ou sur la plage des bains. Déjà le nombre des visiteurs d'un jour est sextuple de celui des baigneurs qui résident dans la ville pendant une ou plusieurs semaines [3].

La prospérité d'Arcachon se rattache d'ailleurs à une loi sociale dont la mise en pratique était jadis entravée par la misère et la difficulté des communications, mais qui, grâce aux chemins de fer et aux progrès du bien-être général, approche d'une manière toujours plus complète de sa réalisation définitive. La vie normale de l'homme se compose d'une succession de contrastes. Après le travail pénible dans la cité bruyante, il lui faut le repos à la campagne ; après la vue des hautes maisons et des rues étroites, il lui faut l'aspect de la mer ou des grands bois ; après la société des gens d'affaire ou des compagnons de labeur, il lui faut celle des amis de plaisir et quelquefois les promenades solitaires dans la nature vierge des bruits humains. L'aggravation continuelle du travail accompli par les hommes de notre époque, la tension de plus en plus énergique de toutes les forces de l'esprit et du corps, rendent le besoin périodique de déplacement et de repos d'autant plus impérieux. L'organisme de la société ne peut donc se développer d'une manière satisfaisante, si des villes de plaisir et de nonchaloir, à population plus ou moins nomade, ne font pas équilibre aux grandes cités où les hommes s'agitent et bourdonnent dans une incessante activité. Tous ceux qui travaillent par le bras et par la pensée n'ont pas encore le bonheur de pouvoir retremper ainsi leurs forces et leur courage dans la vivifiante nature, et par une singulière ironie du sort on rencontre souvent parmi les habitués des villes de repos des gens paresseux et inutiles qui ne savent où promener leur ennui. Quoi qu'il en soit, le développement des villes du littoral ou des montagnes qu'on visite en foule pendant la belle saison est lié d'une manière intime à la prospérité des grands centres industriels ou commerciaux. C'est Bordeaux qui a fait Arcachon ; c'est encore Bordeaux qui lui donnera plus tard une importance bien plus grande, lorsque les progrès de la science et de l'industrie auront rendu les populations plus mobiles et plus faciles à déplacer qu'elles ne le sont aujourd'hui. En devenant le complément nécessaire de la capitale du sud-ouest de la France, Arcachon deviendra aussi, par la force de l'exemple, le rendez-vous principal des contrées environnantes.

Cette ville n'eût-elle pas le privilège d'être le point du littoral le plus rapproché de Bordeaux, qu'un avenir prospère ne lui serait pas moins assuré par les avantages exceptionnels qui la distinguent. Sur toute la plage des landes, de l'embouchure de la Gironde à

III. LES PLAGES ET LE BASSIN D'ARCACHON.

celle de l'Adour, c'est le seul endroit où l'uniformité générale de la rive soit interrompue par un paysage riant. Une vaste baie d'eau salée, propre aux bains de mer, y déroule à perte de vue sa nappe verte entre des rives d'aspect varié ; de pittoresques monticules couronnés de pins s'élèvent dans l'enceinte même de la ville ; les maisons brillent au milieu de la verdure ; une forêt magnifique embrasse les groupes de maisons dans une ceinture de grands arbres, et s'étend au loin sur les longues croupes et dans les vallons parallèles des dunes. La forêt d'Arcachon et celle de La Teste, qui la continue au sud, offrent des sites d'un aspect saisissant. Sur les hauteurs, les pins à l'écorce moussue se distribuent en quinconces irréguliers, et laissent entrevoir çà et là les vallées lointaines et la mer. Plus fertile, le sol des bas-fonds est presque entièrement caché par une épaisse végétation ; dans les intervalles laissés entre les pins et sous l'ombrage de cette première forêt en croît une seconde, composée de chênes et d'arbousiers ; des houx, des bruyères, des genêts hauts de 5 à 6 mètres, se mêlent à ces arbres et forment des fourrés souvent impénétrables. Ailleurs, principalement sur la lisière orientale des dunes, on voit s'ouvrir de distance en distance de vastes cirques, au fond desquels s'étendent des *braous* ou marécages, restes d'anciens lacs dont les eaux ont été absorbées par les innombrables racines de la forêt. Le résinier lui-même n'aime pas à s'aventurer dans ces espaces au sol encore spongieux où les arbres des diverses essences se groupent dans la pittoresque harmonie que leur a donnée la nature : des pins énormes, les uns déjà rongés au cœur, les autres encore vivants, penchent au bord des *braous* leurs troncs âgés de plusieurs siècles, et projettent leurs longues branches dégarnies de feuilles au-dessus de la forêt vierge. En cheminant ainsi à travers les admirables solitudes des grands bois, on peut voyager pendant des lieues et gagner la cime du Truc-de-la-Truque, ou celle des Monts-de-Lascours, qui sont les dunes les plus élevées de l'Europe entière. De ces hauteurs on redescend soit vers l'étang de Cazaux, dont la nappe d'eau transparente couvre des milliers d'hectares, soit vers le rivage de la mer, en face de l'entrée du bassin. En cet endroit, les brisants de la passe, les îles et les îlots qui se forment et se reforment près de l'embouchure, les talus de sable affouillés à la base, composent un tableau changeant que le géologue étudie et que l'artiste admire.

Le climat d'Arcachon est supérieur à celui des contrées environnantes et rappelle, sinon par la pureté du ciel, du moins par l'égalité de la température, le climat des stations d'hiver les plus fréquentées de la Provence et de la Ligurie. La hauteur moyenne du thermomètre est de 15 degrés sur les rives du bassin d'Arcachon, c'est-à-dire qu'elle est à peine inférieure à celle de Nice. En hiver, la température moyenne est de 8 degrés au bord de la plage et de 10 degrés dans l'intérieur de la forêt : c'est le doux climat hivernal de Cannes et de Menton [4]. Dans les *lettes* ou vallons étroits qui séparent les rangées parallèles des dunes, l'atmosphère est toujours parfaitement calme, et même en décembre et en janvier, alors que la froide bise du nord-ouest fait ployer les grands pins, les personnes qui se promènent dans les bas-fonds jouissent d'une température agréable qui ferait croire à la venue prématurée du printemps ou à la prolongation de l'automne. Les arbousiers, ces charmants arbustes des forêts provençales que signaient au loin leurs baies d'un rouge éclatant, sont probablement indigènes dans la forêt d'Arcachon, car on les y désigne par le nom local de *lédounès*, et depuis un temps immémorial leurs fruits servent à fabriquer une boisson fermentée, qui jadis était d'un usage général chez les résiniers. Les cistes et d'autres plantes qui rappellent les bords de la Méditerranée tapissent aussi le sable des dunes. Le myrte, récemment acclimaté, prospère dans les jardins et bientôt sans doute aura franchi les haies pour se propager au milieu des bois. À La Teste, on voit un olivier grandir depuis plusieurs années au pied de hautes dunes qui l'abritent contre le vent d'ouest ; l'oranger lui-même résiste aux gelées et passe l'hiver en pleine terre dans les vallons de la forêt, parfaitement garantis des vents froids. En toute saison, sauf pendant les mois de décembre et de janvier, les ajoncs, les genêts sont couverts de leurs innombrables fleurs jaunes. On le voit, les vallons des dunes seront un jour d'admirables jardins d'acclimatation.

Où la vie des plantes se développe d'une manière si remarquable, il est naturel de penser que la santé de l'homme prospère aussi. On cite en effet l'exemple des résiniers de la forêt, qui vivent longtemps, exempts de maladie, bien qu'ils se nourrissent mal et négligent tous les comforts de l'existence. Une petite colonie de familles étrangères s'est installée déjà dans les villas d'hiver construites

III. LES PLAGES ET LE BASSIN D'ARCACHON.

sur le revers méridional des dunes d'Arcachon. L'expérience de ces nouveau-venus, malades pour la plupart, prouvera une fois de plus que l'odeur des pins et l'électricité dégagée par les émanations résineuses exercent une heureuse influence sur la marche de plusieurs maladies et principalement des affections de poitrine. Les habitants des villas de la forêt jouiront en outre de la douce température hivernale qui distingue le climat d'Arcachon ; souvent aussi ils auront la satisfaction de voir passer sur leurs têtes, sans en recevoir les ondées, de gros nuages que le vent de l'Atlantique chasse rapidement vers l'intérieur des terres, où ils crèvent en averses. Cependant, il faut le dire, après un agréable hiver vient le mois des pluies et des brusques tempêtes, le triste mois de mai que nos poètes ont tant chanté parce qu'il est beau dans la Grèce. En été, les chaleurs sont presque intolérables dans les vallons des dunes ; mais sur les bords du bassin la brise marine ou les vents qui soufflent de l'intérieur du continent rafraîchissent constamment l'atmosphère. L'écart que les météorologistes ont constaté entre la température estivale de la forêt et celle de la plage est de 6 degrés environ [5]. Ainsi dans une zone de quelques centaines de mètres de. largeur on trouve deux climats parfaitement distincts : l'un favorise la création d'un quartier d'hiver pour les malades ; l'autre convient davantage au quartier d'été, que fréquentent déjà depuis quelques années les baigneurs et les hommes de plaisir. Deux villes juxtaposées, ayant chacune sa population distincte, remplacent l'antique solitude d'Arcachon.

III

C'est un fait souvent démontré par l'histoire que la décadence morale peut coïncider avec les progrès matériels, lorsque les ressources de la contrée proviennent d'opérations plus ou moins aléatoires, et non pas d'un travail régulier. De même aussi les bénéfices intermittents, réalisés dans la plupart des villes de bains par suite de l'affluence temporaire des étrangers, peuvent exercer une action démoralisante sur les habitants, et les accoutumer à ne plus compter sur eux-mêmes, à se croiser paresseusement les bras, à tout demander au hasard. Ce serait donc un grand malheur pour Arcachon, si cette ville naissante n'avait aucune industrie locale et devait passer, comme tant d'autres stations de bains, par des alternatives d'activité fébrile et de chômage complet ; mais heureusement les Arcachonnais ont en commun avec les habitants de La Teste et ceux des autres localités riveraines les ressources que leur offre le bassin. Pêcheurs, bateliers, gardiens des parcs à huîtres, passent la moitié de leur vie sur les flots ou sur les crassats, et tirent leur subsistance de ce grand réservoir où les êtres pullulent par milliards.

Le premier regard que l'on jette sur le bassin d'Arcachon révèle déjà l'une des industries locales. Sur le pourtour de tous les bancs on voit des rangées de pieux battus à marée haute par une eau verdâtre et floconneuse, souillés à marée basse par les sables et la boue des crassats. Ces rangées de pieux, qui surgissent de la surface du bassin, ne servent, pendant la plus grande partie de l'année, qu'à gâter le paysage en donnant à la baie marine l'aspect d'un marais hérissé des branches d'une antique forêt submergée ; mais au commencement de l'hiver, alors que les canards sauvages descendent par bandes nombreuses vers le midi, les chasseurs déploient leurs filets entre les pieux des crassats, et attendent que les oiseaux viennent se prendre d'eux-mêmes. À l'heure du reflux, les canards s'abattent sur les bancs émergés, précisément à l'endroit où la lisière écumeuse du flot se mêle au sol vaseux. La marée succède au reflux ; l'eau gagne peu à peu et rétrécit les contours de l'îlot ; les canards reculent à mesure devant la masse liquide envahissante, et, prenant leur vol parallèlement à la surface de l'eau, ils vont se heurter contre les filets et se débattent vainement entre les mailles. La besogne des chasseurs est alors bien simple : ils n'ont plus qu'à massacrer les victimes. On dit que les habitants de La Teste ont, dans l'espace d'un seul hiver, vendu jusqu'à cent mille canards sur les marchés de Bordeaux ; mais depuis quelques années le produit des chasses a diminué considérablement. C'est que le nombre des chasseurs augmente en proportion dans les landes des environs de Bordeaux et dans tout le reste de la France. Avant de se poser sur les crassats du bassin d'Arcachon, les bandes de canards sauvages ont été décimées en route.

Outre les pieux qui servent à la pose des filets, on aperçoit aussi en certains endroits de longues perches qui ploient sous la force du courant. Ces perches indiquent les limites des concessions huîtrières faites à divers particuliers depuis que l'on s'occupe

III. LES PLAGES ET LE BASSIN D'ARCACHON.

d'*ostréoculture* dans le bassin d'Arcachon ; De tout temps on a péché des huîtres excellentes dans la baie ; au fond des chenaux, là où les courants alternatifs des marées sont le plus rapides, on trouvait des *huîtres de grave* ; sur les sables des crassats, on recueillait ces fameuses *huîtres de gravette*, qui étaient expédiées ensuite dans tout le reste de l'Europe, et qui se sont développées d'une manière si remarquable sur les bancs de sable d'Ostende. Néanmoins, par leur incurie et leur avidité, les pêcheurs avaient presque complètement dépeuplé le bassin et ne rencontraient plus que des huîtres isolées, trop peu nombreuses pour faire l'objet d'un commerce lucratif. Depuis que la pêche est interdite pendant la plus grande partie de l'année, la surface des crassats s'est peuplée de nouvelles huîtres, et maintenant il en existe des millions sur le fonds commun réservé aux pêcheurs. L'épargne de ce capital vivant semble tellement nécessaire qu'à la saison de 1864 on ne permettra aux marins de recueillir les huîtres du domaine public que pendant l'espace d'une seule journée.

L'économie bien entendue suffirait seule pour rendre aux huîtrières leur ancienne richesse ; mais, afin de hâter le peuplement du bassin, on, a eu recours à l'importation d'huîtres étrangères. Chargé de la mission d'ensemencer la baie, M. Coste a fait choix, pour l'établissement de son parc modèle, des fonds émergents qui occupent une position très favorable au nord-est de l'île aux Oiseaux, et sur lesquels existaient déjà des colonies d'huîtres de gravette. C'est là qu'il a fait déposer en rangées parallèles, comme sur les plates-bandes d'un verger, des chargements entiers d'huîtres, prises non-seulement dans les chenaux du bassin où la pêche est interdite, mais aussi sur les bancs de Noirmoutiers, du Morbihan, de Normandie, d'Espagne et d'Angleterre ; il a même reçu de ces huîtres de la Virginie qui pullulent dans les *plantations* de la Chesapeake, où elles atteignent jusqu'à quinze pouces de longueur, et qui contribuent pour une si forte part à l'alimentation des habitants de Baltimore, de New-York et des autres grandes villes de l'Union américaine [6]. Toutes les mesures indiquées par la théorie et l'expérience ont été prises pour assurer le succès de cette tentative d'acclimatation. On a pavé d'abord les crassats d'un lit de coquilles de toute espèce destinées à servir de reposoir au *naissain*, c'est-à-dire aux animalcules qui s'échappent par myriades du manteau d'une seule huître mère. Puis, sur toutes les plates-bandes ensemencées, on a placé des appareils collecteurs, grandes caisses en bois de diverses formes, garnies intérieurement de fascines dont les branches arrêtent au passage une grande partie des germes naissants. Plusieurs surveillants sont chargés du service général de l'établissement et de l'entretien des appareils ; en outre l'équipage d'un brick de l'état qui se balance dans la rade, en face d'Arcachon, est souvent mis en réquisition pour les travaux du parc.

Quelle que soit l'importance des résultats obtenus par M. Coste dans sa « ferme-école » de l'île aux Oiseaux, ces résultats n'autorisent point à porter un jugement définitif sur l'avenir de l'ostréoculture, telle qu'elle se pratique dans le bassin d'Arcachon. Pour hasarder une opinion, il importe avant tout de connaître la situation des entreprises privées dans lesquelles la question pratique des bénéfices annuels est prise en considération : ce sont les propriétaires qu'il faut consulter. Au nombre de plus de cent dix, ils ont obtenu la concession de pays ayant en moyenne de 3 à 4 hectares de superficie, et comprenant ensemble 400 hectares, c'est-à-dire plus de la moitié des fonds émergents qui conviennent à l'élève des huîtres. Ces parcs, situés principalement autour de l'île aux Oiseaux et sur les bords des chenaux de La Teste, de Gujan, du Teich, d'Arès, occupent presque sans exception des crassats où il n'existait pas d'huîtres avant l'époque de la concession. Suivant l'exemple qui leur avait été donné pour la première fois par divers habitants de La Teste, et qu'a renouvelé plus tard sur une grande échelle le fondateur de l'établissement domanial, les propriétaires ont ensemencé leurs parcs au moyen d'huîtres pêchées sur les crassats du fonds commun ou bien importées à grands frais des diverses contrées de la France et de l'étranger ; ils ont également imité, en les modifiant de plusieurs manières, les appareils collecteurs qui servent à fixer le naissain. Leurs efforts, continués avec persévérance, n'ont point été infructueux ; mais en général les propriétaires ne réalisent de bénéfices qu'à la condition d'acheter chaque année du *renouvelain*, c'est-à-dire des huîtres du fonds commun, qu'ils sèment dans leurs parcs. La production n'est pas assez rapide pour que le naissain suffise à repeupler les crassats après l'enlèvement des huîtres marchandes, et le nombre des mollusques

III. LES PLAGES ET LE BASSIN D'ARCACHON.

ne peut être maintenu que par de continuelles importations. On évalue à sept ou huit par mètre carré la proportion des huîtres qui vivent sur les fonds concédés du bassin d'Arcachon ; à ce taux, il existerait environ 30 millions d'huîtres dans la partie de la baie exploitée directement par les propriétaires. D'après M. Coste, le bassin, bien exploité, devrait fournir annuellement au commerce 800 millions d'huîtres, donnant un revenu de 14 à 15 millions de francs [7]. On le voit, les producteurs ont encore beaucoup à faire pour réaliser les espérances qu'on fonde sur eux.

Il faut reconnaître d'ailleurs que, pour récolter des huîtres, les concessionnaires de parcs ne se contentent pas d'ensemencer le sable des crassats, ils ont en outre des frais considérables de surveillance et d'entretien, et quelques-uns d'entre eux ont à lutter contre de sérieuses difficultés. Sur chaque huîtrière se balance à marée haute et s'engrave à basse mer un lourd ponton, espèce de caisse goudronnée que doit habiter le gardien chargé de protéger la concession contre les pêcheurs braconniers. À cette première dépense, qui représente déjà près de 100,000 francs pour toute l'étendue du bassin, il faut ajouter celles que nécessitent rétablissement et la réparation des appareils collecteurs ainsi que l'achat du renouvelain. Ce n'est pas tout : les éleveurs doivent encore veiller à ce que les coquilles des jeunes huîtres ne deviennent ni trop plates ni trop irrégulières, et dans la double intention de leur donner la forme voulue et de hâter leur développement, ils font *détroquer*, c'est-à-dire détacher les uns des autres les individus qui sont agglomérés en grappes. Et puis tous les crassats ne conviennent pas également à l'ostréoculture : les uns, trop vaseux, communiquent un mauvais goût à la chair de l'animal ; les autres, composés de sables trop purs, ne l'engraissent pas assez rapidement ; d'autres encore restent trop longtemps à découvert pendant la période du reflux, et les huîtres, laissées périodiquement à sec, ne peuvent se développer qu'avec lenteur. Enfin, pour énumérer les principaux obstacles qui s'opposent à l'extension de la nouvelle industrie, il faut ajouter que l'huître a d'innombrables ennemis parmi les êtres qui l'entourent. Sur le million de germes que la mère laisse échapper comme une espèce de pollen, presque tout est dévoré au passage, et quelques individus seulement ont la chance de se fixer et de croître sur une coquille ou sur une branche. Ceux-là mêmes qui parviennent à prendre un point d'appui et à se développer ne sont pas à l'abri du danger : dès qu'ils ouvrent leurs valves, l'ennemi s'approche. Des mollusques de diverses espèces en font leur pâture ; parfois, si l'on en croit le témoignage des pêcheurs, les crabes, ces terribles ravageurs de la mer, se glissent sournoisement à côté de l'huître entre-bâillée, avancent avec précaution l'une de leurs pinces, puis d'un élan soudain la posent sur le muscle de l'animal, et, devenus maîtres de leur proie, la dégustent à loisir. Il n'est pas jusqu'aux crevettes qui ne fassent aussi la chasse aux huîtres de petite taille.

Les réservoirs à poissons établis récemment près de la rive septentrionale et sur d'autres points du littoral de la baie donnent un bénéfice plus sûr et plus constant que les huîtrières ; mais ils demandent une première mise de fonds très considérable pour la construction des digues, des levées, des écluses destinées à enfermer le poisson. Sous peine d'insuccès, les ingénieurs chargés de l'établissement des réservoirs doivent en tracer le plan général et en fixer le niveau avec le plus grand soin, la moindre erreur de leur part pouvant causer la mort d'innombrables poissons. La nappe d'eau entourée de digues est-elle trop élevée, le flot de marée n'y pénètre pas avec assez d'abondance, et les êtres emprisonnés meurent d'asphyxie. Le niveau du réservoir est-il trop bas au contraire, les courants alternatifs de flot et de jusant ne s'établissent pas avec assez de force et ne peuvent produire ces *chasses* salutaires qui empêchent l'eau de se corrompre en la renouvelant. Privés d'air, les poissons périssent encore. S'il faut éviter de donner une grande profondeur au réservoir, de peur qu'il ne renferme des espaces dépourvus d'herbes et par conséquent inutiles comme *pâturages*, il faut cependant que la tranche d'eau soit assez considérable pour que les poissons ne soient pas exposés à souffrir par l'effet des sécheresses ou bien à périr pendant les gelées. Les constructeurs de réservoirs ne doivent pas négliger non plus de creuser de distance en distance des fossés d'abri où les poissons puissent se réfugier parmi les joncs lorsque la brise ou la tempête agite les vagues du bassin. Plusieurs réservoirs, dans l'établissement desquels on n'avait pas su prendre toutes les précautions nécessaires, n'ont donné d'abord que de très médiocres résultats.

Quant à l'emmagasinement des poissons, rien n'est plus facile, car les victimes viennent d'elles-mêmes au-devant de la mort. À l'heure du jusant, elles s'avancent à l'encontre du courant qui sort des réservoirs et pénètrent joyeusement dans l'écluse en sautillant les unes par-dessus les autres et en frétillant de la queue. Au retour de la marée, lorsque le courant change de direction et se précipite dans les réservoirs, les poissons essaient de le remonter de nouveau pour se rendre vers la mer ; mais à la porte même ils sont arrêtés par un filet tendu au travers de l'écluse. Par centaines et par milliers, ils se pressent, ils se superposent en couches devant la porte fatale ; puis le courant change encore, et ils reviennent pâturer dans leur nouveau gîte. Nombre de poissons meurent dans cette prison, où les conditions de leur vie sont changées, où manquent surtout le mouvement et le mélange éternel des flots qui parcourent librement l'étendue de la baie. D'autres poissons, tels que le bar, le muge, la sole, s'accoutument à vivre en captivité ; mais ils perdent la faculté de se reproduire et se bornent à engraisser. Seule, l'anguille fraie dans les réservoirs, dit-on, comme si elle n'avait pas changé de séjour. Maîtres de cette foule de poissons grossie par chaque nouvelle marée, les pêcheurs peuvent jeter leurs filets avec la certitude de les retirer remplis. Ils s'emparent au plus tôt du bar, qui est un animal de proie, et conservent les individus des autres espèces, attendant qu'ils aient atteint les dimensions voulues. Ainsi les réservoirs sont de simples pêcheries qui n'ont rien de commun avec cet art de la pisciculture renouvelé des anciens. La différence est grande entre les gardiens des viviers landais et ces pêcheurs de la Chine qui, si nous devons en croire les voyageurs, appellent les poissons par leur nom, marquent les uns pour la reproduction, les autres pour l'engraissement, et soignent la population de leurs étangs comme nos ménagères soignent les volailles de leur basse-cour.

Les principaux réservoirs du bassin d'Arcachon sont d'anciens marais salants qu'on a transformés au moyen de quelques déblais. Les propriétaires riverains sont d'autant plus disposés à opérer ce changement que les salines leur donnent un revenu inférieur à celui de la pêche, et que d'ailleurs une saison trop pluvieuse peut faire manquer complètement la récolte. En revanche, l'exploitation des viviers n'est interrompue par aucune mauvaise année, et les dépenses sont relativement très faibles [8]. Aussi plusieurs personnes qui n'ont pas de marais salants à changer en réservoirs demandent-elles la concession de vastes fonds émergents qui bordent les chenaux de la partie méridionale du bassin, et qu'il serait facile d'endiguer. L'administration de la marine, propriétaire de tous les terrains que recouvrent les plus hautes marées d'équinoxe, refuse d'accueillir ces demandes, et pour motiver son refus elle invoque les droits des pêcheurs du littoral, intéressés à ne pas voir accaparer au profit de quelques-uns une grande partie du poisson de tout le bassin ; en même temps elle affirme, à tort ou à raison, que les réservoirs sont une cause permanente d'insalubrité pour les communes riveraines.

À l'industrie de la pêche se rattache l'élève des sangsues, qui se pratique depuis un petit nombre d'années sur une échelle considérable dans quelques mares situées près des rives du bassin. Quelque mépris que l'on tienne à honneur d'afficher pour la vie des animaux, il est certainement peu de personnes étrangères au métier qui puissent suivre sans une vive répugnance tous les détails de l'hirudiculture. Jadis on avait l'habitude de précipiter dans les marais à sangsues de malheureux chevaux écloppés, couverts de plaies et de blessures ; mais ces pauvres bêtes avaient, suivant les éleveurs de sangsues, le tort grave de se laisser périr trop tôt ; les veines ouvertes par les ventouses des annélides ne se refermaient pas, et laissaient échapper tout le sang de la vie. Maintenant on trouve beaucoup plus avantageux de livrer des vaches en proie aux sangsues. Effaré, hagard et néanmoins résigné, le lourd animal subit avec un étonnement stupide les attaques des suceurs attachés en grappes à son ventre et à ses jambes ; mais au moment où il va succomber d'épuisement, on le fait remonter sur la berge, puis on le ramène au pâturage, pour lui faire reprendre un peu de vie et le préparer à fournir un nouveau repas. Ainsi de deux semaines en deux semaines l'animal est mangé en détail, jusqu'au jour de la mort définitive. L'âne, qu'on emploie pour nourrir les jeunes sangsues, est moins résigné que la vache : il se cabre, lance des ruades, essaie de mordre ; puis, quand il est enfin tombé dans l'étang, sous une grêle de coups, il se démène avec terreur. Du reste, ses blessures, comme celles du cheval, restent longtemps ouvertes, et généralement il succombe après avoir été servi deux fois en pâture aux sangsues. Un éleveur d'Audenge, qui possède 4 hectares de marais, y jette chaque année plus de deux cents vaches et plusieurs dizaines d'ânons servant à nourrir 800,000 annélides [9]. On le voit, l'hirudiculture est pour les habitants riverains du bassin d'Arcachon une branche assez importante de l'exploitation générale des eaux.

Quant à l'exploitation du sol, elle a été jusqu'à nos jours assez négligée, sauf dans la petite commune du Teich, et les terrains incultes touchent en plusieurs endroits aux plages du bassin. Depuis un siècle, diverses compagnies, dont quelques-unes ont eu des millions entre leurs mains, ont essayé de mettre en culture des centaines de kilomètres carrés ; mais de leurs travaux il ne reste guère que des plantations d'arbres, un canal hors d'usage et de grandes maisons inhabitées. De même que dans les autres parties des landes, l'énergie individuelle des propriétaires isolés commence à faire sur le pourtour du bassin ce que les riches compagnies n'ont pu accomplir, et, grâce aux avantages que donnent aux riverains la facilité des communications et les rapports incessants avec Bordeaux, on ne saurait douter que l'agriculture et la sylviculture ne se développent bientôt assez rapidement. Chose remarquable toutefois, c'est précisément là où le progrès serait le plus facile à réaliser que l'exploitation du sol se fait de la manière la plus barbare. L'antique forêt de La Teste, qui date probablement de l'époque des Ibères et des Gaulois, et dont quelques parties ont vaillamment résisté, pendant tout le moyen âge, contre les assauts de la mer et des sables, cette forêt, qui fut jadis l'une des plus belles de la France, est encore grevée d'usages qui rappellent les mauvais temps de la féodalité, et rendent complètement impossible tout essai de sylviculture rationnelle.

La forêt ou *montagne* de La Teste couvre une superficie de 3,854 hectares en dunes et en lettes. Elle appartient à un certain nombre de particuliers dont les droits sont parfaitement distincts, et cependant elle est ouverte comme une lande publique à la libre entrée de tous les habitants et au libre parcours du bétail. En vertu d'anciens titres, les citoyens des communes de La Teste et de Gujan peuvent s'approvisionner dans toute l'étendue de la forêt du bois de chauffage et de construction nécessaire à leurs besoins. Contre les droits des propriétaires, ils invoquent leurs droits immémoriaux d'*usagers* ; ils sont eux-mêmes possesseurs par la jouissance. La conséquence de cet état de choses est facile à deviner : le conflit des intérêts et des droits inconciliables empêche la propriété de se constituer, et la forêt, qui n'est plus indivise et qui n'est pas encore partagée, reste livrée à une exploitation barbare. Le bétail piétine le sol, casse les branches et broute les jeunes arbres ; les usagers abattent les billes qui leur conviennent, et laissent de côté le bois mort ainsi que les troncs difficiles à couper. De leur côté, les possesseurs titulaires ne prennent aucun soin d'aménager leur portion d'une forêt qu'ils voient livrée au pillage, et n'exploitent pas avec plus de discernement que les usagers. Dans toute la montagne de La Teste, il n'existe déjà plus de bois de chêne pouvant servir à la construction ; on ne rencontre que de vieux troncs contournés ou de jeunes tiges utiles seulement pour servir de pieux. Tandis que, dans une forêt de pins bien aménagée, le nombre des grands arbres exploités en résine est de 150 par hectare, on n'en compte que 50 sur le même espace dans la forêt de La Teste, et même il n'en reste plus que 10 dans certaines lisières de bois particulièrement exposées aux déprédations de toute nature. Le revenu total, qui devrait dépasser un demi-million, atteint à peine 160,000 francs, et doit nécessairement diminuer chaque année, puisque la consommation annuelle dépasse la production, et que la foule des usagers, qui est de sept mille aujourd'hui, s'accroît incessamment avec la population des communes intéressées. Dans la forêt de La Teste, la propriété, telle qu'elle existe, n'est que le droit d'abuser.

Il est urgent de remédier à cet état de choses, déplorable pour les intérêts matériels et bien plus fâcheux encore pour les intérêts moraux, car les discussions sans cesse renouvelées finissent par engendrer les haines ; à force de revendiquer leurs droits opposés, les *ayant-pins* et les *non-ayant-pins* en arrivent à se détester cordialement. Pour concilier les esprits, il faut donc mettre un terme à cet enchevêtrement d'intérêts hostiles, faire entrer l'ordre dans ce chaos digne du moyen âge, qui l'a produit et légué à la société moderne. Rien ne serait plus facile. Que les possesseurs titulaires abandonnent aux usagers, en pleine et absolue propriété, une partie de la forêt représentant ou dépassant la valeur capitalisée des droits d'usage ; que de leur côté les habitants des communes, héritiers des avantages cédés jadis par le seigneur aux manants de son captalat, consentent à échanger ces droits, qui rappellent

III. LES PLAGES ET LE BASSIN D'ARCACHON.

leur antique servage, contre un titre qui les fera propriétaires, et, si la répartition est faite d'une manière équitable, toutes les parties n'auront qu'à se féliciter de l'issue du procès [10]). Alors seulement la propriété sera constituée et les détenteurs du sol pourront s'occuper de reboiser les espaces dégarnis, d'élever des pins et des chênes pour la construction, d'aménager régulièrement leurs bois, de faire de la sylviculture en un mot. Dans l'intérêt de la production, il est à désirer aussi que l'état aliène bientôt toutes les forêts qu'il a plantées sur les dunes et qu'il a gardées, d'abord en qualité de tuteur, puis comme propriétaire, en dépit des incessantes réclamations des communes. Entre les mains des particuliers, ces forêts donneront un revenu bien plus considérable qu'elles n'en donnaient au budget et contribueront d'une manière bien plus efficace à l'accroissement de la richesse nationale.

IV

Dans ses rêves d'avenir, Arcachon ne se contente pas d'aspirer au rôle de cité. La petite ville des landes se voit aussi grand port de commerce, et les eaux de son bassin se couvrent déjà de navires innombrables ! La magnifique baie, dont la nappe s'étend à perte de vue, rend cette ambition facile à comprendre. À l'exception de quelques villes privilégiées, telles que Rio-Janeiro et San-Francisco, les grands entrepôts maritimes du monde pourraient envier cet immense port presque fermé, où les navires sont en sûreté comme dans un lac. Les rades du bassin occupent de vastes espaces, et présentent des profondeurs assez considérables pour les navires du plus fort tirant d'eau. L'une, qu'abrite du côté de l'ouest la péninsule boisée du cap Ferret, offre de 8 à 15 mètres d'eau et s'étend parallèlement au rivage de près de 6 kilomètres de longueur. La rade d'Eyrac, qui forme le chenal entre la plage d'Arcachon et l'île aux Oiseaux, est encore plus grande que celle du Ferret, et la profondeur y varie de 8 à 20 mètres. Sans compter la rade de Moullo, située au sud du bassin proprement dit, dans le goulet d'entrée, et trop exposée aux vents d'ouest, les mouillages d'Arcachon occupent ensemble une superficie de près de 700 hectares ou 7 kilomètres carrés. D'après les calculs de l'ingénieur Pairier, sept mille cinq cents navires de 800 tonneaux pourraient y trouver place. Au lieu de cette immense flotte, sept fois plus considérable par le tonnage que toute la marine commerciale de la France, on n'aperçoit dans la vaste étendue des eaux que des chaloupes, des barques, des pontons épars, et devant la plage des bains quelques yachts de plaisance.

La solitude relative des excellentes rades du bassin d'Arcachon peut sembler d'autant plus étonnante que sur cette côte des landes, qui offre un développement total de 230 kilomètres environ, il n'existe pas un seul autre port où puissent entrer les navires. Au nord, au sud de la passe d'Arcachon, le rivage se prolonge d'un côté jusqu'à l'embouchure de la Gironde, et de l'autre jusqu'à l'Adour, en formant des sinuosités tellement faibles que sur nos cartes on les dessine en ligne droite et que les navigateurs du large ne peuvent en reconnaître la position, si ce n'est à la vue d'un phare ou d'une balise. Nulle part, sur tout le littoral de l'Europe, il n'existe de plage aussi complètement dépourvue d'abris ; mais aussi, par un singulier contraste, c'est précisément vers le milieu de cette côte inhospitalière que s'ouvre l'un des havres intérieurs les plus vastes du monde. Comme port de commerce, il doit nécessairement demeurer à peu près inutile, tant que les landes voisines ne fourniront pas à l'exportation des produits considérables ; mais, comme bassin de refuge, ne devrait-il pas donner un asile à tous les bâtiments que la tempête surprend au large et dont un certain nombre périssent chaque année sur les sables de la côte ? Et, puisque les guerres sont encore parmi les redoutables éventualités de l'avenir, n'est-il pas absolument nécessaire, comme mesure de défense nationale, de ménager une retraite assurée aux navires de guerre ou de commerce poursuivis par les croiseurs ? De 1809 à 1814, alors que les navigateurs américains persistaient à trafiquer avec la France en dépit du blocus des côtes, vingt-trois navires des États-Unis, jaugeant ensemble près de 5,000 tonneaux, vinrent chercher un refuge dans le bassin d'Arcachon et y débarquèrent leurs marchandises à destination de Bordeaux. Pendant le même espace de temps, un seul bâtiment français s'était risqué sur la barre pour échapper à l'ennemi.

Malheureusement la petite mer intérieure des landes, qui pourrait être si utile comme port de relâche en temps de paix et comme port de refuge en temps de guerre, est séparée de la mer par des bancs de sable où les navires courent grand risque d'échouer pendant les tempêtes. La barre se déplace et varie souvent ; mais, quelles qu'en soient la forme et les dimensions, elle ne cesse jamais d'être redoutable. Actuellement cette porte sous-marine du bassin s'ouvre en plein golfe de Gascogne, à 4 kilomètres en droite ligne à l'ouest du cap Ferret. Elle est assez profonde, même pour les grands navires, puisqu'elle a depuis longtemps de 7 à 8 mètres aux plus basses mers, et que deux fois par jour cette profondeur constante augmente de 3 à 5 mètres. À l'endroit le moins large, l'ouverture ménagée entre les deux bancs de sable ou *mails*, du nord au sud, dépasse un demi-kilomètre. Les embarcations peuvent y pénétrer facilement ; mais les véritables dangers commencent lorsque la barre est déjà franchie, et que le navire cherche à gagner l'entrée proprement dite, située à une lieue plus loin, entre le banc du Toulinguet et le banc de Matoc. En effet, au dedans de la barre, le chenal, très profond d'ailleurs, change brusquement de direction et se rejette au sud, puis au sud-est pour se reployer une seconde fois à l'entrée du bassin et se prolonger au nord vers Arcachon. Sous l'impulsion d'un vent d'ouest ou de sud-ouest, le navire passe facilement au-dessus de la barre ; mais dès qu'il est entré dans le chenal tortueux qui mène au bassin, le même vent du large qui l'a poussé heureusement entre les dangers de la passe le fait maintenant dériver à gauche sur les brisants, et, si la mer est grosse, il est infailliblement perdu. En temps calme, les embarcations engagées dans les sinuosités du chenal d'entrée ont encore à craindre un autre danger et peuvent être entraînées sur les bancs par des courants de marée qui portent alternativement vers la haute mer et vers le bassin. On se fera une idée de la violence de ces courants redoutables en apprenant que chaque marée moyenne de vive eau introduit dans le bassin une masse liquide de 336 millions de mètres cubes. Répartie d'une manière uniforme pendant les six heures du flot, cette quantité d'eau se déverserait dans la baie au taux de 155,000 mètres cubes par seconde : c'est à peu près le débit moyen du fleuve des Amazones.

En montant sur l'une des hautes dunes qui dominent l'entrée du bassin, on peut suivre facilement du regard les diverses sinuosités du chenal. À ses pieds, on voit s'étendre la nappe d'eau profonde de l'entrée, que partage en deux bras le banc d'Arguin, signalé par une ligne semi-circulaire de brisants. Au-delà, de longues crêtes parallèles d'écume blanche révèlent la position du banc de Toulinguet, qui continue en travers de l'entrée la pointe du cap Ferret. Plus loin encore, la vaste courbe que décrit le chenal apparaît comme une étroite bande verdâtre séparée de la haute mer par une troisième rangée de vagues blanchissantes. L'ensemble de ces nappes d'eau tranquilles alternant avec les zones agitées des brisants produit l'effet d'un labyrinthe, et l'on se demande à première vue comment les navires peuvent s'y risquer sans courir à une perte certaine. Lorsque la mer est bouleversée par des vents de tempête soufflant de l'ouest ou du sud-ouest, la houle du large ne brise pas seulement sur les bancs de sable, elle déroule aussi ses crêtes écumeuses sur toute l'étendue de l'espace triangulaire compris entre le cap Ferret et la pointe du Sud. Des vagues de 6 à 8 mètres de hauteur bondissent par-dessus la barre et se poursuivent à travers les bancs et les chenaux jusqu'au rivage du continent ; les bouées énormes ancrées à côté de la passe disparaissent parfois sous des masses tourbillonnantes d'eau et d'écume. Alors les chaloupes de pêche ou les chasse-marée de cabotage qui se trouvent au large de la barre doivent rester prudemment en dehors sous peine d'être portés sur les bancs et défoncés par les vagues chargées de sable : il leur faut tenir la haute mer ou s'enfuir vers le nord. Jadis les embarcations réfugiées dans la Gironde ou dans les pertuis de la Saintonge devaient courir le risque de se présenter une seconde fois devant la barre avec le mauvais temps ; de nos jours, les pêcheurs que la tempête a forcés de relâcher dans le port de Bordeaux font charger leur pinasse sur un wagon de chemin de fer et reviennent triomphalement à La Teste traînés par la vapeur.

Si la passe qui donne entrée dans le bassin d'Arcachon occupait une position fixe, elle serait depuis longtemps connue et pratiquée de tous les navigateurs qui parcourent le golfe de Gascogne, et peut-être aurait-on déjà découvert les moyens de rendre la barre accessible par tous les vents ; mais la passe est mobile : elle saute brusquement d'un endroit à un autre pendant le cours des tempêtes et dans l'espace d'une seule année se déplace parfois de plusieurs kilomètres. Des bancs occupent la place où s'allongeaient les chenaux ; des passages se creusent là où se trouvaient les bas-fonds ; la topographie sous-marine change constamment, et c'est à leurs risques et périls que les pilotes doivent en étudier l'ensemble,

III. LES PLAGES ET LE BASSIN D'ARCACHON.

sans cesse modifié. En 1742, le grand chenal suivait le rivage du continent, immédiatement à la base des dunes, et communiquait avec la haute mer par une passe ouverte au sud de l'entrée entre une pointe de sable et l'île de Matoc, aujourd'hui disparue. Depuis cette époque, chaque nouvelle carte, chaque rapport des hydrographes ou des ingénieurs ont constaté quelque changement dans la direction des passes et la forme des rivages : cependant l'entrée principale n'a cessé d'osciller entre le sud et le sud-ouest jusqu'en l'année 1827. Alors, à la suite d'une violente tempête, cette ancienne passe s'est graduellement oblitérée, tandis qu'un nouveau chenal s'ouvrait au nord de l'entrée, non loin du cap Ferret et sur l'emplacement d'une autre passe déjà comblée. Actuellement la barre la plus profonde se reporte peu à peu vers l'ouest. L'étude comparative de toutes les modifications accomplies depuis un siècle dans le régime de la grande passe semble prouver que sous l'action de la houle du nord-ouest l'ouverture tend naturellement à se déplacer d'année en année vers le sud pour longer la rive orientale jusqu'au moment où des tempêtes exceptionnelles et de grands apports de sable contrarient la direction du courant et le repoussent vers le nord.

Aux déplacements de la passe correspondent les changements des rivages. Les flots et les vents modifient sans cesse la forme de la côte, et souvent un petit nombre d'années suffit pour donner un aspect tout nouveau à l'ensemble du littoral. Ainsi le cap Ferret, cette même pointe qui, sous le nom de *Curianum promontorium*, se trouvait peut-être du temps des Romains directement à l'ouest de la baie, ne cesse de changer les courbes de sa plage, et depuis un siècle, c'est par centaines de mètres et par kilomètres qu'il faut évaluer ses mouvements alternatifs d'empiétement et de recul. En 1768, l'extrémité méridionale du cap était située à plus de 4 kilomètres au nord-ouest de l'endroit qu'elle occupe aujourd'hui. Pendant la fin du XVIIIe siècle et au commencement du nôtre, les vents de la région du nord, qui soufflent dans ces parages plus fréquemment que les autres courants atmosphériques [11]), ont fait avancer chaque année les dunes du promontoire dans la direction du sud, tandis que la houle du large, obéissant à la même impulsion, ajoutait sans cesse à la pointe de nouvelles masses de sable. En moins d'un demi-siècle, le cap se prolongea ainsi de 6 kilomètres vers le sud-est, avec une vitesse moyenne de 127 mètres par an ou d'un pied par jour. La pointe croissait pour ainsi dire à vue d'œil ; mais en 1837, la passe ayant brusquement changé de direction et s'étant portée vers le nord, le courant de marée se mit à ronger la péninsule et la fit graduellement reculer vers le nord-ouest. En 1854, l'extrémité du cap avait rétrogradé de 1,800 mètres : maintenant on la dit à peu près stationnaire ; mais si le chenal se déplace vers le sud, il n'est pas douteux que la pointe du cap ne recommence à empiéter sur la mer dans la même direction.

Depuis un siècle, la côte d'Arcachon n'a guère moins changé que la péninsule du cap. Érodée par le courant, elle n'a cessé de reculer vers l'est, tantôt d'une manière presque imperceptible, tantôt avec une effrayante rapidité. Depuis 1768, la plage a perdu 2 kilomètres de largeur moyenne sur une longueur totale de 12 kilomètres entre Arcachon et la pointe du Sud : là où se trouve maintenant le rivage extérieur du cap Ferret se développait autrefois le littoral du continent. La partie de la côte sur laquelle se construisent les gracieux chalets de la ville est elle-même menacée, et si on ne la consolidait pas au moyen de travaux d'art contre l'action du courant latéral qui vient la ronger, elle se fondrait dune après dune, et disparaîtrait tôt ou tard dans les flots. Il y a quelques années à peine, elle était attaquée par les eaux de marée sur une longueur de plusieurs kilomètres, et les propriétaires riverains voyaient avec terreur la vague inexorable se rapprocher de leurs maisons. Actuellement les plages voisines d'Arcachon ne sont plus érodées ; mais à quelques kilomètres au sud l'œuvre de destruction s'accomplit d'une manière vraiment redoutable. Le courant de marée, qui se rend alternativement de la mer dans le bassin, et du bassin dans la mer, vient frapper contre la rive et gagne incessamment sur la base des dunes.

C'est un beau spectacle que présentent ces talus de sable, hauts de 50 mètres, reculant à vue d'œil devant la mer. Composés de molécules sans cohésion, ces talus offrent une inclinaison moyenne d'environ 45 degrés ; mais en certains endroits des couches de sable fortement comprimées ou bien agglutinées par l'humidité résistent à l'éboulement et se dressent en parois verticales : ce sont alors autant de gradins du haut desquels le sable mobile plonge en cascatelles. Lorsque le vent souffle avec force, d'innombrables

III. LES PLAGES ET LE BASSIN D'ARCACHON.

filets de sable descendent ainsi d'assise en assise du sommet de la dune jusqu'à la base : on dirait une cataracte d'eau grisâtre partagée en une multitude de nappes. Les grands arbres qui croissent au sommet de la dune, et dont le vent incline le branchage vers la terre, remuent le sol avec leurs racines comme avec un énorme levier, et chacun de leurs efforts fait couler un large ruisseau de sable. Enfin ils se déracinent eux-mêmes et sont entraînés sur la pente du talus comme par une avalanche. Des pins au feuillage encore vert hérissent partout les éboulis et finissent par glisser dans le courant qui les emporte. Au pied de la dune, la mer gagne lentement, centimètre par centimètre, et l'on voit la rive se fondre pour ainsi dire en laissant à nu l'ancien sous-sol des landes. La plus grande partie de ces sables arrachés à la base des talus est aujourd'hui reportée sur les plages du banc de Matoc, au sud de l'entrée du bassin Là se trouvait autrefois une île assez étendue, sur laquelle on avait bâti quelques cabanes de pêcheurs. Vers la fin du siècle dernier, cette île, incessamment rongée, par le flot, disparut, et il n'en resta plus qu'un banc de sable couvert à chaque marée. Maintenant l'île commence à surgir une seconde fois au-dessus de la surface de la mer, et depuis deux ans elle se couvre d'une légère verdure.

Ce sont là les côtes incertaines et changeantes, ce sont les sables qu'il s'agirait de fixer par des travaux permanents de manière à contenir le courant dans son lit actuel, ou bien à lui donner une direction définitive, préférable à celle qu'il suit aujourd'hui. C'est une mission difficile que d'avoir à lutter contre une mer qui dévore et reconstruit si rapidement ses plages ; aussi les ingénieurs chargés d'émettre une opinion sur le problème de l'amélioration du chenal d'entrée ont-ils presque tous différé d'avis sur les moyens à employer. En 1768, Kerney proposait de réunir par une digue l'île de Matoc à la pointe extrême du cap Ferret et de rejeter ainsi toutes les eaux dans la passe du sud, afin d'obtenir l'approfondissement nécessaire. Plus tard, M. de Villers demandait qu'on endiguât la même passe au moyen de deux jetées en clayonnage laissant à l'entrée du bassin une largeur de quinze cents toises ; il conseillait aussi de nettoyer la barre en y traînant des herses en fer, comme on l'a fait depuis avec succès aux bouches du Mississipi et à celles du Danube. L'île de Matoc, sur laquelle M. de Villers voulait appuyer une de ses jetées, disparut pendant qu'on discutait encore les plans de l'ingénieur, et d'autres projets durent être mis en avant. En 1829, le baron d'Haussez, préfet de la Gironde et bientôt après ministre de la marine, ne visait à rien moins qu'à rétablir l'entrée du bassin dans l'état où elle se trouvait probablement avant l'époque historique, et, pour obtenir ce résultat, il proposait de creuser un canal à travers la péninsule du cap Ferret et de fermer l'embouchure actuelle au moyen de carcasses de navires coulés dans la passe. Une commission chargée d'étudier ce plan lui donna son approbation ; mais on peut se demander avec Beautemps-Beaupré, l'ingénieur hydrographe le plus compétent de notre siècle, s'il eût été prudent d'entreprendre comme au hasard un travail aussi gigantesque, sans pouvoir affirmer d'avance qu'un banc ne se formerait pas à la nouvelle entrée, et que les rapides courants de l'ancien chenal se laisseraient museler par une faible barrière de pontons submergés. La révolution de 1830, qui fit tomber du pouvoir le baron d'Haussez, écarta aussi brusquement ses projets, et quelques années après l'ingénieur Monnier déclarait qu'il était impossible de fixer la passe et de l'améliorer d'une manière définitive par un travail humain.

En 1855, M. Pairier, ingénieur ordinaire de la Gironde, a présenté un nouveau projet de travaux accompagné d'un mémoire des plus intéressants sur l'hydrographie générale du bassin d'Arcachon. D'après ce plan, il s'agirait, non pas de modifier le régime de la passe, mais au contraire de la maintenir telle qu'elle existe aujourd'hui en fixant d'une manière définitive les rivages de l'entrée. Une digue partant de la pointe de Moullo, au sud d'Arcachon, longerait la rive orientale sur une longueur de 5,300 mètres, puis, se détachant du bord par une gracieuse courbe, s'avancerait à plus de 3 kilomètres en mer, de manière à former une rive de pierre au grand courant du chenal. Une deuxième jetée, enracinée à l'extrémité du cap Ferret et protégée à son origine par des épis d'ensablement pareils à ceux de la Pointe-de-Grave, continuerait au sud la péninsule du cap, et réduirait l'entrée du bassin à 2 kilomètres de largeur. L'ensemble des travaux projetés offre un développement total d'environ 11 kilomètres de digues. On le voit, la tâche des ingénieurs est formidable, et ce qui l'aggrave encore, c'est que la pierre manque à Arcachon et qu'il faudra

III. LES PLAGES ET LE BASSIN D'ARCACHON.

nécessairement importer des carrières de Bretagne tous les blocs destinés aux enrochements. Et pourtant, lorsque les travaux seront achevés, la partie du chenal qui se dirige vers le nord-ouest, et dans laquelle ont lieu tous les sinistres, ne sera même pas comprise entre les jetées ; sur une longueur de près de 5 kilomètres, elle restera exposée à tous les changements imprévus que peut lui faire subir l'action des vents et des courants. Là commence le domaine de l'inconnu, car les oscillations des barres dépendent d'une foule de circonstances qui n'ont pas encore été soumises au calcul. Toutefois il est permis d'espérer que, grâce à la suppression des petites passes et à la disposition des jetées contenant toute la masse des eaux de marée, le chenal s'ouvrirait directement à l'ouest, dans le sens le plus favorable à l'entrée des navires qui viennent de la haute mer.

Présenté il y a déjà huit années, le projet de M. Pairier devrait être modifié dans quelques détails. Depuis 1855, la rive orientale de l'entrée a été emportée sur une largeur considérable, le banc de Matoc s'est changé en îlot, d'autres bancs se sont formés ou déplacés ; mais la direction du chenal est restée sensiblement la même, et par conséquent le plan général des travaux est encore applicable : on est arrêté seulement par l'importance des sommes nécessaires. Le devis approximatif est fixé à 11 millions de francs ; mais après les dépenses prévues viennent souvent les dépenses imprévues : les rivages peuvent s'ébouler, le régime des courants et des passes peut se modifier brusquement, les tempêtes peuvent emporter les épis ou renverser les digues, et si le bassin d'Arcachon doit offrir en temps de guerre un refuge assuré à tous les navires, ne doit-il pas être mis en état de défense militaire ? Au lieu des fortins ruinés dont les canons sont renversés dans le sable depuis 1815, ne faut-il pas construire maintenant sur les deux rives de formidables batteries cuirassées, munies de tous les engins de destruction que la science moderne a inventés ? Cette perspective de dépenses effraie à bon droit et fait retarder indéfiniment l'entreprise des travaux : on se demande si l'œuvre qu'il s'agit d'accomplir est bien en rapport avec la faible importance commerciale d'Arcachon et des autres communes riveraines du bassin.

Cependant quelque chose se fera certainement, et ce que le gouvernement n'entreprend pas aujourd'hui, des associations l'accompliront demain. La plage d'Arcachon et toute la rive du sud, qui représentent pour les propriétaires une valeur de plusieurs millions, ne tarderont pas à être protégées contre les érosions du flot par le remblai d'un chemin de fer, et les architectes pourront sans crainte bâtir chalets et villas au bord de la mer et sur les talus affermis des dunes. En fixant les ravages, on aura déjà rendu la direction des courants moins incertaine et facilité la navigation dans le chenal de l'entrée. Grâce au commerce, qui ne peut manquer de s'accroître en même temps que la population riveraine du bassin et la richesse des habitants, d'autres améliorations se réaliseront successivement : les *dangers* du passage seront balisés d'une manière plus complète, des pilotes iront au-devant des navires pour leur montrer la passe ; des remorqueurs les saisiront à l'entrée et les mèneront jusque dans la rade. La barre d'Arcachon cessera d'être un épouvantail ; les marins étrangers apprendront à la braver comme ils affrontent déjà depuis des siècles la barre bien plus redoutable de l'Adour, et tôt ou tard on verra les prés salés de La Teste transformés en docks et le grand mouillage de Piquey couvert de bâtiments. Certes la France serait coupable, comme nation, si elle ne trouvait pas le moyen d'utiliser cet admirable bassin, qui pourrait donner asile à des milliers de navires ; mais tous les progrès sont solidaires, et puisque l'immense désert des landes est graduellement conquis à l'agriculture, on peut espérer aussi que le commerce s'emparera bientôt de cette petite mer d'Arcachon, naguère si peu connue.

NOTES

1.   La population dépasse actuellement le chiffre de 16,000 âmes.

2.   Résine coulée dans des moules en terre. On l'appelait aussi arcasson et arcachon.

3.   La population sédentaire de la ville s'élève à 1,000 habitants a peine ; mais un recensement local nous apprend que, pendant la saison de 1862, 10,402 personnes ont séjourné un mois en moyenne sur la plage d'Arcachon. Pendant la même saison, tous les convois du chemin de fer ont transporté de Bordeaux à Arcachon plus de 60,000 voyageurs, qui pour la plupart voulaient

III. LES PLAGES ET LE BASSIN D'ARCACHON.

passer seulement un jour ou quelques heures sur le bord de la mer. En 1863, la foule s'est encore accrue.

4. Il est probable que la température hivernale est encore plus douce sur la plage du village d'Arès, qui est tourné vers le midi.

5. Les températures moyennes de l'été sont, d'après les observations de M. Hameau, de 27°,4 dans la forêt et de 21°,6 sur le rivage du bassin.

6. Des huîtres de la même espèce se trouvent, dit-on, à l'état fossile dans quelques terrains des environs de Bordeaux.

7. En 1862, le revenu brut des huîtrières s'est élevé à 376,000 francs. Depuis cinq ans, la production totale a été de 65 millions d'huîtres, représentant, à 2 francs 50 centimes le cent, la somme de 1,625,000 francs.

8. Les marais salants d'Arcachon rapportent environ 150 francs par hectare et par an, tandis que pendant le même espace de temps un hectare de pêcherie exploité régulièrement produit 200 francs. Année moyenne, on tire des réservoirs d'Arcachon 100,000 kilogrammes de poisson, vendus 75,000 francs sur les marchés de Bordeaux. La quantité de sel récolté annuellement ne dépasse pas 400 tonnes.

9. On expédie chaque année 1,500,000 sangsues des bords du bassin d'Arcachon a Bordeaux. La vache à sangsues coûte 50 francs, et sa carcasse est revendue 20 francs.

10. Cette thèse est exposée avec beaucoup de clarté dans un écrit local de M. A. Biaserié, intitulé : Des Droits d'usage dans la forêt de La Teste.

11. Les vents de la région du nord soufflent, en moyenne cent quatre-vingt-cinq jours, c'est-à-dire exactement une moitié de l'année. Les vents de l'est, de l'ouest et de la région du sud règnent pendant l'autre moitié.

IV. LES LANDES DE BORN ET DU MARENSIN.

Entre le bassin d'Arcachon et la bouche de l'Adour s'étend une zone de landes presque déserte, où le voyageur s'aventure bien rarement. Un chemin de fer, destiné à devenir une des grandes voies du monde, traverse la zone orientale de cette contrée : les locomotives et les chars l'emplissent plusieurs fois par jour de leur grondement ; mais, par le contraste, la terre inhabitée que vient d'ébranler le passage du convoi semble d'autant plus morne et désolée. Parmi les centaines de personnes que chaque train emporte, soit à Bordeaux, la gaie capitale de l'Aquitaine, soit vers les beaux promontoires de Biarritz et de Saint-Jean-de-Luz, ou bien vers les gorges ombreuses des Pyrénées, il en est peu qui daignent, pendant les quelques ; heures de leur trajet rapide, regarder avec attention les forêts sombres, les landes grisâtres qui s'enfuient de chaque côté de la route, et la ligne à peine visible des dunes qui se déplace lentement à l'horizon. La vue de l'espace, se déroulant en plaines uniformes vers l'Océan, obsède et fatigue leurs yeux. Entraînés par la vapeur, la plupart des passagers ne font qu'entrevoir la contrée parcourue, et le souvenir qu'ils en gardent appartient plutôt au domaine du rêve qu'à celui de la réalité. Quant aux amans de la nature capables d'apprécier la beauté des dunes, des étangs et des forêts, ils sont retenus sur les limites des landes maritimes par le manque de chemins et de moyens de transport, par la crainte de ne pas trouver de logis convenables, peut-être aussi par cette espèce de terreur instinctive qui prend toujours le voyageur au seuil d'une terre inconnue. Presque tous ceux qui visitent les régions landaises éloignées des grandes routes y sont amenés par des affaires commerciales ou des fonctions administratives. On peut dire qu'à une faible distance d'Arcachon et des principales stations du chemin de fer de Bordeaux en Espagne, le littoral du département des Landes n'est jamais visité pour lui-même, et cependant il n'est peut-être pas en France de contrée qui, par la simplicité grandiose de ses traits, ait un caractère plus épique [1]. Quelques lignes à peine ondulées, quelques masses uniformes constituent tous les éléments du paysage. Rien d'imprévu ne se montre dans l'espace, soit qu'on se promène sur le bord des étangs, soit qu'on pénètre dans la forêt profonde ou qu'on parcoure les semis dont les jeunes arbres se

IV. LES LANDES DE BORN ET DU MARENSIN.

mêlent aux tiges des bruyères. Cette grande sobriété de lignes, ce relief si peu accidenté donnent à la région des landes une beauté singulière, d'autant mieux comprise que le voyageur s'en pénètre plus intimement par une contemplation muette et par de longues promenades solitaires. De même l'uniformité des cultures, le petit nombre et la puissance des agents qui ont formé le sol landais donnent aux recherches du savant, de l'agriculteur ou du géologue, un caractère tout spécial de largeur et de simplicité.

I

Les pays de Born, de Mimizan et du Marensin, qui forment la zone littorale du département des Landes, ne confinent point aux landes de Bordeaux proprement dites. Ils en sont séparés par le pays de Buch, qui contourne au sud le bassin d'Arcachon, et par la charmante vallée de la Leyre, dont une partie mérite le nom de *paradis des landes* à cause de ses sources nombreuses, de ses champs cultivés et de ses massifs d'arbres fruitiers. Toutefois les solitudes de Born offrent à peu près le même caractère que celles du Médoc. Naguère aussi dépourvues d'arbres, aussi parsemées de lagunes et de mares, elles ont été en même temps conquises à la sylviculture par l'assèchement du sol et par des plantations régulières. À la hauteur de Parentis et de Mimizan, elles offrent, comme les landes septentrionales, une largeur de plusieurs myriamètres ; mais plus au sud la zone infertile se rétrécit, le sol, traversé par un assez grand nombre de ruisseaux, devient accidenté, la couche d'*alios* s'amincit par degrés, se déchire en franges, s'éparpille en lambeaux, et finit par disparaître complètement du sous-sol. Du reste, il serait impossible de tracer des ligues de démarcation naturelles dans la zone littorale du département des Landes : c'est par gradations insensibles que s'opère le changement et que les vastes étendues sablonneuses de Born sont remplacées par le sol plus inégal et plus fertile du Marensin.

Immédiatement au sud du pays de Buch se trouve le pays qui donna son nom au batailleur inquiet, à l'ennemi personnel de Richard Cœur-de-Lion, le troubadour et guerrier Bertrand de Born, C'est dans ce pays que l'appareil littoral des landes se montre dans toute sa grandeur. Là, les arêtes jadis mobiles de la principale chaîne des sables s'élèvent en moyenne à la hauteur de 75 mètres, et se sont alignées sous le souffle du vent, avec plus de régularité peut-être que toute autre rangée de dunes, entre la Gironde et l'Adour. En certains endroits, notamment à l'ouest de Biscarosse, les *lettes* ou vallées parallèles qui séparent deux séries de dunes ressemblent, sur une longueur de plusieurs lieues, aux lits desséchés de larges fleuves entourant de leurs flots de sables de grands îlots de verdure. Les étangs, qui mériteraient plutôt le nom de lacs, sont aussi les plus remarquables des landes par la profondeur et l'étendue. L'étang de Cazaux, dont la nappe d'eau sépare le territoire de Buch du pays de Born, n'a pas moins de 6000 hectares de superficie moyenne. Le spectateur qui le contemple du haut d'un monticule croirait y voir une vaste baie marine, car une grande partie des rivages opposés échappent aux regards, et les arbres isolés ou disposés par groupes, qui marquent la berge lointaine, ressemblent à une flotte de navires à l'ancre dans une rade foraine ; les blancs éboulis de sable de forme triangulaire qu'on aperçoit de loin à la base des dunes verdoyantes, et qui paraissent autant de voiles d'embarcations rasant la côte, accroissent encore l'illusion. Du reste, il n'est pas douteux que l'étang de Cazaux n'ait été autrefois un golfe de l'Océan, puisque le fond de cette petite mer intérieure se trouve encore à 10 mètres au-dessous du niveau marin. Les pêcheurs, qui sont les juges les plus autorisés en pareille matière, attestent uniformément que, dans les parties les plus creuses de l'étang, la sonde touche le sable à une trentaine de mètres au-dessous de la surface, et celle-ci est de 19 à 20 mètres seulement plus élevée que les laisses de basse mer.

Le grand étang de Biscarosse, qui reçoit les eaux du lac de Cazaux par un canal de déversement rectifié de main d'homme, était également une ancienne baie, s'il est vrai qu'on n'y trouve pas moins de 28 mètres non loin de la base des dunes. Plus au sud vient l'étang d'Aureilhan, dont le fond atteint aussi un niveau inférieur à celui des laisses de basse mer. L'Océan, travaillant sans relâche à se créer des rivages très-faiblement infléchis, a graduellement séparé de son sein toutes ces baies landaises qui pénétraient au loin dans l'intérieur des terres. Au moyen de ses vagues, que poussent le vent de nord-ouest et le courant littoral longeant la côte du nord au sud, il a peu à peu élevé une digue de sable à l'entrée de ces nappes d'eau. Ainsi les anciennes baies marines du pays de Born,

IV. LES LANDES DE BORN ET DU MARENSIN.

graduellement exhaussées par le progrès des sables et changées en étangs d'eau douce par les eaux de source et de pluie, ont dû déverser le surplus de leurs eaux dans un canal de dégorgement détourné vers le sud. Ce déversoir, appelé *courant*, ne roule en moyenne qu'une faible quantité d'eau, et les voyageurs peuvent facilement le traverser à gué ; mais non loin de la mer il prend l'apparence d'un véritable fleuve, puis, gonflé par la marée, il se transforme en estuaire, et s'épand en vastes nappes sur une plaine couverte des rouges alluvions de l'alios : c'est par ce courant que s'écoulent les eaux intérieures des pays de Born et de Mimizan. Avant qu'il n'existât entre l'étang de Cazaux et le bassin d'Arcachon un canal à écluses alimenté en grande partie par des sources de fond, un petit ruisseau dont on suit encore le lit, et que l'on connaît sous le nom de *Grande-Craste*, sortait de l'étang de Cazaux à l'époque des fortes pluies, et coulait vers le port de La Teste. L'étang de Cazaux présentait alors un phénomène hydrographique assez rare ; il épanchait le trop-plein de ses eaux par deux canaux de dégorgement opposés, se dirigeant l'un au nord, l'autre au midi. Les chaînes de dunes qui se prolongent du courant de Mimizan à la pointe d'Arcachon formaient une grande île entre la mer et les étangs.

Le Marensin, qu'une étymologie douteuse fait dériver des mots *maris sinus*(golfe marin), offre, comme les pays de Born et de Buch, des étangs considérables. Ces réservoirs lacustres, que les dunes ont graduellement séparés de la mer pendant le cours des siècles, s'y déversent par des courants semblables à celui de Mimizan ; mais il est à remarquer que les étangs de cette partie méridionale des landes sont moins vastes que ceux du nord, et que les déversoirs sont plus rapprochés les uns des autres. Les rangées de dunes qui bordent la mer sont aussi moins hautes et plus étroites : en se prolongeant vers le sud, les traits géologiques distinguant le rivage landais s'atténuent par degrés. Plus lentement accumulés par les vagues, les talus de sable offrent une barrière moins forte aux eaux du plateau des landes ; ils sont percés sur trois points différents, à Contis, au Vieux-Boucan, à Cap-Breton, et par suite le dessèchement naturel des étangs s'opère d'une manière plus facile. En outre la côte du Marensin est beaucoup plus stable que celle du littoral de Born, de Buch et du Médoc.

La tradition et les divers documents du moyen âge prouvent que depuis le commencement de l'ère historique les vagues de la mer de Gascogne et les dunes qui les précèdent n'ont point empiété sur les plages méridionales des landes. Il faut remonter le long de la côte jusqu'à l'ouest de l'étang de Léon, à 45 kilomètres au nord de la bouche de l'Adour, avant de marcher sur les sables recouvrant un village englouti : il ne reste plus aujourd'hui que deux maisons de cette ancienne commune, jadis connue sous le nom de Saint-Girons-de-l'Est. On dirait que sur tout son vaste développement, de près de 2 degrés de latitude, le littoral landais s'incline en prenant les rochers de Biarritz pour charnière et point d'appui. En conséquence l'empiétement des eaux et des dunes, à peine appréciable vers le sud, produit des modifications de plus en plus marquées à mesure que la côte s'éloigne de la base des Pyrénées.

Parmi les localités que les eaux et les sables ont forcées à se déplacer plusieurs fois dans la direction de l'est, une des plus célèbres, sinon la plus célèbre de toutes, est le bourg de Mimizan. Il n'est pas un savant qui n'ait, en parlant des dunes de Gascogne, cité les observations de Thore et de Brémontier sur la rapidité des sables qui marchaient à l'assaut de ce village des landes. Le vieux port, situé près de l'embouchure actuelle de l'étang, a été graduellement comblé par les sables, ainsi que le prouvent les carcasses de navires découvertes à la suite d'une tempête il y a une soixantaine d'années. D'après le témoignage unanime des habitants du pays, l'ancien Mimizan, qui existait déjà au commencement de l'ère présente, reposerait sous la dune d'Udos, belle colline boisée à laquelle un majestueux isolement, l'inclinaison régulière des pentes et une double cime conique donnent l'aspect remarquable d'un volcan. Reconstruit à plus d'un kilomètre à l'est, Mimizan resta longtemps à l'abri des sables, grâce au fleuve ou *courant* qui coule au nord-ouest du village, et qui arrêtait ainsi la marche des sables. Toutefois une dune semi-circulaire ; peu élevée, finit par se former dans la *lette* ou plaine basse qui entourait Mimizan et s'avança vers le village. Plusieurs maisons disparurent, et le talus oriental de la dune, s'élevant peu à peu contre le chevet de l'église, menaça d'ensevelir l'édifice. Pour arrêter la colline mouvante, il fallut au plus tôt recourir aux semis de pins, le grand préservatif popularisé par Brémontier. Aujourd'hui les sables sont fixés ; mais qu'on

IV. LES LANDES DE BORN ET DU MARENSIN.

abatte les arbres, et l'enceinte de la dune, semblable aux parois d'un cratère prêt à dévorer le bourg, se rétrécira graduellement autour de l'église et du groupe des maisons. Dans l'espace de quelques années, le nouveau Mimizan serait englouti comme l'ancien village qui dort sous le monticule d'Udos.

Quelles que soient les modifications apportées par les vagues et les vents dans la direction générale de la plage et dans le régime des dunes, la côte landaise est partout également inhospitalière. Aucun port n'échancre la berge presque rectiligne du rivage, et, sous peine d'échouer quand le vent de tempête vient à souffler, les navires à voiles doivent tenir la haute mer à une grande distance du littoral. Malgré le voisinage de Bordeaux, de Bayonne, de Saint-Sébastien, de Bilbao, les parages qu'on pourrait appeler la *mer des landes* sont en général complètement déserts, et l'on peut se promener dans les dunes pendant des jours entiers sans apercevoir une seule voile à l'horizon. Vers l'époque des équinoxes cependant, alors que les navires sont violemment jetés hors de leur route par les tourmentes, les naufrages ne sont pas rares : on trouve à demi enfouis dans le sable bien des gouvernails brisés, bien des membres d'embarcations, bien des épaves qui font penser aux terribles drames des nuits d'orage. Jadis, lorsque les navires longeaient de plus près la côte, et que la population riveraine, composée en grande partie de pirates [2], essayait par des signaux trompeurs de faire échouer les embarcations, afin d'exercer l'horrible droit de bris, les naufrages étaient relativement beaucoup plus fréquents sur le rivage des landes qu'ils ne le sont aujourd'hui. Les habitants des villages les plus rapprochés du littoral racontent de lugubres histoires qui font dresser les cheveux, et si l'on en croit les mauvaises langues, il y aurait toujours parmi les riverains des hommes qui regrettent ce bon vieux temps de pillage et de meurtre. Encore en 1815 les matelots d'un navire espagnol en détresse, craignant d'être maltraités par les habitants des landes, essayèrent, dit-on, de gagner les côtes de l'Espagne à force de rames, et périrent tous dans les flots. Quoi qu'il en soit, l'ignorance et la superstition entretiennent dans l'esprit des landais de bizarres légendes d'anciens naufrages. C'est ainsi que les ancêtres des riverains de nos jours auraient vu la tempête jeter à la côte des navires tellement grands qu'ils renfermaient, outre des richesses immenses, de vastes églises et jusqu'à des champs cultivés.

En 1789, le beau vaisseau l'*Artibonite* échoua sur la plage de Saint-Girons. Le souvenir de ce désastre se mêle dans l'imagination de bien des paysans à une vague idée de l'année 1789, à l'écho lointain de la révolution, des guerres de la Vendée, de la mort de Louis XVI, et finit par se confondre en un seul drame avec tous ces faits historiques. Même plusieurs personnes dont on pourrait attendre à bon droit de solides connaissances assurent que le roi de France et toute sa famille se trouvaient à bord de l'*Artibonite* au moment du naufrage et qu'ils se noyèrent dans les flots. De cette manière sans doute se sont formées bien des légendes des peuples enfants. C'est ainsi que dans les Basses-Alpes un jeune chasseur, aussi intelligent que dépourvu d'instruction, me parlait de la reine Jeanne de Naples, femme de Robespierre.

Le Marensin ne se distingue pas seulement des pays de Born et de Mimizan par une plus grande fertilité du rivage maritime et par une moindre largeur de tout l'appareil littoral des dunes et des étangs ; il est également remarquable par l'étendue de ses bois de pins : c'est la grande forêt de l'ancienne Aquitaine. Grâce à l'éloignement des centres importants de population, grâce également à la paix relative dont cette région semble avoir joui pendant les mauvais jours de la féodalité, le Marensin n'a point été dépouillé de ses ombrages, et récemment encore on pouvait traverser, des environs de Dax au bord des grands étangs, une forêt n'ayant pas moins de 25 kilomètres en largeur. Autour de Castets, village qui peut être considéré comme le chef-lieu de cette région des landes, on ne voit de toutes parts que les avenues mystérieuses formées par les troncs droits et superbes des pins. Plus au sud viennent les bois de chênes-lièges entremêlés de massifs de fougères, de ronces, d'ajoncs et de genêts, formant çà et là des fourrés presque aussi difficiles à traverser que les forêts vierges de l'Amérique. En de rares districts du Marensin proprement dit, les bois de pins et de chênes-lièges s'écartent assez pour enfermer une lande rase semblable à celles de Parentis et du Médoc. Ce qui prête à ces landes peu nombreuses du Marensin un caractère étonnant de grandeur solennelle, c'est que les montagnes des Pyrénées dressent à l'horizon leurs grandes masses bleues nettement découpées dans le ciel. C'est le même contraste, mais bien plus sublime encore, que celui des pyramides et du désert.

IV. LES LANDES DE BORN ET DU MARENSIN.

La population des landes méridionales et centrales est sans doute en grande partie d'origine basque, ainsi que le prouvent les noms de Biscarosse [3] et d'une foule d'autres lieux dont l'étymologie est évidemment euscarienne. La transition ethnologique entre les Labourdins et les Béarnais, entre les Béarnais et les habitants de la Chalosse et du Marensin, s'opère d'une manière graduelle. On comprend que, par suite de la différence du genre de vie et du milieu géographique, le landais de la plaine et du bord des étangs diffère beaucoup du Basque des collines et des montagnes : il est d'ordinaire plus maigre, plus hâve ; il est moins agile, moins robuste, moins courageux ; il compense son infériorité en force par un excès de ruse, mais il n'en est pas moins, comme le *Viscaino* d'Espagne et comme le Gascon de l'Armagnac, un descendant des anciens Euscaldunacs.

Les mœurs d'autrefois subsistent encore en partie. Dans plusieurs villages des landes, aussi bien que dans ceux de la Soule et du Labourd, la place municipale est spécialement consacrée au noble jeu de paume, et la haute muraille sur laquelle la balle vient rebondir s'élève entre l'église et la mairie. De même les landais ont reçu de leurs ancêtres l'excellente coutume de planter des chênes et d'autres arbres au vaste branchage à côté de leurs habitations. Dans le Marensin et le pays de Born, il est peu de maisons de campagne, peu de fermes isolées qui n'aient autour d'elles une promenade de chênes, d'ormeaux ou de platanes dont toute ville de France pourrait être fière à bon droit. Tel hameau des landes est par ses ombrages bien mieux partagé que Paris.

Naguère les gens du Marensin avaient, comme les Basques et les anciens Euscariens, un compagnon fidèle, le *makita*, grand bâton noueux cerclé de cuivre à l'extrémité. Ils le suspendaient à leur poignet par un cordon de cuir de manière à pouvoir le faire tournoyer au-dessus de leurs têtes, et ne le quittaient que pour travailler et dormir. En se rencontrant, les paysans agitaient fièrement leur arme, et s'appuyaient sur elle avec autant de fierté qu'un chevalier croisant les deux mains sur son épée. Aussi les luttes au bâton étaient-elles fréquentes, et souvent elles se terminèrent par la mort d'un ou de plusieurs combattants. En 1730, les luttes entre les populations de divers villages étaient devenues tellement meurtrières que le duc de Duras, gouverneur de la contrée, interdit absolument l'usage du bâton et donna l'ordre d'envoyer aux galères du roi, « sans distinction des offenseurs et défenseurs, » tous ceux qui se serviraient dans une bagarre de l'arme prohibée ; mais, par suite de la connivence de tous les habitants, l'édit draconien resta lettre morte, et les combats sanglants recommencèrent de plus belle. Quatre ans plus tard, en 1734, les paysans de la commune aujourd'hui disparue de Saint-Girons-de-l'Est attaquaient les villageois de Saint-Girons-du-Champ, et les chassaient à grands coups de bâton de l'église paroissiale. Pour venir à bout des vainqueurs et réduire leur chef, le vaillant Jeannicot de Moléron, l'évêque de Dax, dut avoir recours à l'arme, toute-puissante alors, de l'excommunication. De nos jours, l'usage du bâton s'est presque entièrement perdu dans les communes des landes, grâce au mouvement de la société moderne qui nous emporte en supprimant les mœurs locales, les coutumes, les traditions du passé. Les fêtes elles-mêmes changent graduellement de caractère. Jadis les habitants du Marensin avaient l'habitude de se réunir le 8 septembre près de la fontaine d'Yons, dont les eaux limpides jaillissent avec abondance des flancs d'un monticule pour aller se perdre dans le sable à quelques mètres plus loin. Naguère c'était pendant la nuit qu'arrivaient les gens de la fête : ils allumaient de grands feux au sommet de chaque dune, et tantôt éclairés par les flammes agitées, tantôt laissés dans l'ombre, ils couraient de côté et d'autre en poussant des cris de joie et en tirant des coups de fusil. C'était une *fantasia* nocturne. Avant l'aube, les tireurs échangeaient leurs fusils ; par cette coutume qu'imposait la tradition, ils rappelaient, sans doute à leur insu, les usages de leurs ancêtres, les guerriers ibères échangeant leurs armes avant la bataille en signe de confraternité. De nos jours, la fête d'Yons est devenue une *frairie* vulgaire où l'on boit, où l'on mange, où l'on crie. De toutes les choses du passé, ce qui se conservera peut-être le plus longtemps dans le Marensin aussi bien que dans les contrées voisines, c'est la sorcellerie : de vieilles femmes, la pratiquent dans l'ombre, loin des regards de la police.

Quelques monuments des landes rappellent encore les siècles du moyen âge : ce sont les obélisques ou colonnes de Mimizan et de Saint-Girons. À une distance de 900 mètres environ au nord-ouest de Mimizan, et non loin des bords du *courant*, se dresse sur un terre-

IV. LES LANDES DE BORN ET DU MARENSIN.

plein de 200 mètres de tour une colonne ronde, haute de 5 mètres et construite en minerai de fer rongé par le temps. À 900 mètres au nord-est du village, une autre colonne plus massive et terminée par un pyramidion à quatre faces s'élève sur une plateforme assez étroite. Une autre colonne qui se trouvait au sud-ouest de Mimizan n'est plus signalée que par des amas de pierres écroulées. Enfin il ne reste plus de vestiges de plusieurs autres piliers qui marquaient le périmètre d'une enceinte idéale ayant environ 1,800 mètres de côté. Ces colonnes ont été sans doute englouties par les sables, ou bien exploitées par les ouvriers d'une fonderie voisine à cause du minerai de fer qui avait servi à les construire [4]. Quatre monuments du même genre, moins élevés et plus rapprochés les uns des autres que ceux de Mimizan, avaient été également construits autour du village de Saint-Girons. Il en existe encore trois. Le plus remarquable de tous, surmonté d'une croix fleurdelisée qui date probablement du siècle dernier, se dresse au sommet d'un monticule de sable fixé par des plantations d'arbres depuis un temps immémorial : elle est bâtie en pierres nummulitiques qu'on a dû apporter des collines de la Chalosse, situées au moins à 40 kilomètres de distance. Que signifiaient ces hautes bornes élevées autour des villages de Saint-Girons et de Mimizan ? Quelques archéologues y voient, sans aucune raison plausible, des colonnes érigées par des soldats romains aux limites d'un camp. D'après la tradition populaire, qui nous semble être fondée sur la vérité, elles indiquaient les angles de lieux de refuge ou de *sauvetats* formés par le village et sa banlieue. Il n'y aurait en effet rien d'étonnant que dans ces vastes landes, où les bourgs et les hameaux se trouvent à de telles distances les uns des autres, on eût laissé aux criminels, aux débiteurs, à tous ceux que poursuivait la justice du magistrat ou la vengeance du seigneur, un espace considérable au milieu duquel leur personne était sacrée. Dans les villes populeuses du reste de la France, ils avaient pour asile l'église ou le couvent ; dans les solitudes des landes, ils avaient deux bourgades saintes, et peut-être aussi d'autres localités dont les colonnes de refuge se sont depuis longtemps écroulées. Quoi qu'il en soit, les modestes monuments de Saint-Girons et de Mimizan sont, avec quelques églises restaurées et les vestiges du *camin romieu* que suivaient les légions romaines et les pèlerins de Saint-Jacques, les seuls témoins qui nous restent encore des siècles du moyen âge. Ils disparaîtront probablement bientôt, car chaque année leur enlève une pierre ; tout alors sera moderne dans ce pays des landes, d'autant plus facile à transformer que le travail de l'homme n'y a jamais laissé aucune œuvre importante, aucun monument grandiose de son génie.

II

Les habitants des landes, restés si longtemps en arrière de la population française, traversent actuellement une époque de crise. Une révolution pacifique, de laquelle le pays sortira complètement renouvelé, s'accomplit en silence. Les vieilles traditions s'oublient ; l'ancien idiome gascon se perd, bien moins par suite de l'éducation des enfants que par l'adoption graduelle de mots français servant à exprimer les usages et les besoins nouveaux ; l'antique et sordide misère des paysans landais fait place à l'aisance et même à la richesse. Les journaux et les livres commencent à pénétrer dans les villages les plus reculés, où naguère on ne trouvait que l'almanach de Matthieu Laensberg et quelques pages de grimoire magique. Mais aussi quelles bizarres contradictions, provenant de l'état de transition dans lequel se trouve aujourd'hui la société landaise, se présentent parfois aux regards ! Tel paysan, enrichi soudain par le commerce de la résine et devenu millionnaire par surprise, marche encore pieds nus, et n'a pas déposé ses vêtements malpropres. Telle commune dont le hameau central se compose d'une dizaine de maisons célèbre sa fête patronale par des combats de taureaux et des courses de chevaux, plates et à obstacles, entraînant une dépense de plusieurs milliers de francs. Les *jockeys* et les *toreros* viennent accomplir leurs prouesses dans les villages du Marensin qui ont à peine un instituteur maigrement payé. Enfin des propriétaires de bains de mer font déjà des appels retentissants à la publicité avant qu'une seule route carrossable conduise à leurs établissements.

De même que les communes du Médoc landais et du pays de Buch, celles du Marensin doivent leur bien-être actuel à la valeur croissante des résines. Les municipalités qui possédaient de vastes étendues de landes rases et qui en ont aliéné une partie pour ensemencer de pins ce qui leur reste s'enrichissent rapidement ; leurs finances sont dans l'état le plus prospère et pourraient faire envie à toutes

IV. LES LANDES DE BORN ET DU MARENSIN.

nos grandes villes. C'est ainsi que le village de Soustons, après avoir vendu quelques biens communaux et des laisses d'étang pour une somme de 180,000 fr., est devenu propriétaire de semis de pins qui pouvaient lui donner, dans un avenir prochain, aux prix actuels de la résine, un revenu annuel d'environ 200,000 francs. Aussi le village se transforme-t-il à vue d'œil. Divers édifices municipaux d'une remarquable propreté se construisent au centre du bourg ; de belles avenues d'arbres rayonnent en tous sens ; de grandes routes, aussitôt animées par de nombreuses voitures, sont ouvertes dans la direction des villages environnants. Les communes qui ne possédaient pas de landes rases, et dont le territoire, consistant en forêts de pins, était déjà divisé, sont restées relativement pauvres ; en revanche, chaque propriétaire s'est d'autant plus enrichi par la plus-value soudaine de sa parcelle de forêt. Cette richesse, on la voit s'épancher, par quatre ou cinq blessures, du pied de tous les grands pins ; mais, il faut le dire, la plupart des propriétaires font preuve de la plus grande imprévoyance dans l'administration de leur fortune. Excités à la vue de l'argent que leur vaut la récolte annuelle de résine, ils demandent immédiatement à la forêt tout ce qu'elle peut donner, et font exploiter leurs arbres à outrance, sans songer qu'en tuant le pin ils se condamnent à n'avoir ni résine ni revenu pendant une vingtaine d'années. C'est un spectacle navrant que celui de la plupart des grandes forêts du Marensin. Parfois, sur un espace de plusieurs lieues carrées, on ne voit que des arbres gemmés à mort. Les troncs, auxquels la hache du résinier a donné sur une hauteur de plusieurs mètres une forme prismatique, sont tous entourés de gouttières en fer-blanc et de godets en terre dans lesquels la vie de l'arbre s'écoule perle à perle. La forêt tout entière est tuée systématiquement par les propriétaires eux-mêmes, et pourtant elle est dans sa grande force de production, et, bien aménagée, elle pourrait encore fournir des revenus considérables pendant un quart de siècle. Il est presque inutile d'ajouter qu'un grand nombre de propriétaires se sont montrés aussi avides dans les conditions imposées par eux aux travailleurs que dans l'exploitation de leurs pins. Pendant longtemps, tous les résiniers ont été métayers, c'est-à-dire qu'ils partageaient la résine par moitié avec les propriétaires du sol ; aujourd'hui la plupart d'entre eux ne reçoivent que le quart de la récolte, le cinquième ou moins encore. Certes rien n'est plus sacré que la liberté des contrats, et sur le marché du travail chaque homme peut donner à l'emploi de son capital ou à ses bras le prix qui lui convient ; mais il est à craindre que dans les traités passés récemment entre les résiniers et les propriétaires la bonne foi des contractants n'ait pas toujours été complète. Quoi qu'il en soit, les nouvelles conditions faites aux résiniers ont eu pour résultat d'interminables procès, des menaces de pillage et d'incendie, des grèves désastreuses pour tous, et un extrême mauvais vouloir entre les deux classes de la société des landes. D'après le *bourgeois*, le résinier serait une espèce de bête féroce ; d'après le résinier, le propriétaire serait un tyran sans justice et sans cœur.

La sylviculture landaise comprend aussi l'exportation du chêne-liège. Les produits de cet arbre n'ont point acquis soudain une importance aussi grande que ceux du pin maritime ; toutefois ils n'ont cessé de renchérir à cause du nombre restreint des lieux de provenance et du manque absolu d'écorces ou d'autres substances ligneuses qui puissent remplacer le liège. Chaque *corsier*[5] ou chêne-liège donne en moyenne 1 franc de revenu par an. Les revenus de cette branche d'industrie sont donc assurés et pourraient devenir une source importante de prospérité nationale, si les forêts de chênes-lièges du Marensin occupaient une étendue plus considérable. Les arbres à liège, mélangés aux pins, ou formant à eux seuls des bois entiers, se trouvent en quantités exploitables seulement dans l'étroit espace triangulaire compris entre l'Adour, l'Océan et les grandes forêts de pins de Castets et de Saint-Girons. Cette zone peu étendue de chênes-lièges est d'ailleurs la seule que possède la France sur le littoral atlantique, et même dans cette zone l'arbre offre en général un aspect si triste qu'à première vue on le dirait éloigné de sa patrie. Le tronc rouge ou noirâtre dépourvu de son écorce, les branches noueuses qui ressemblent à du bois mort, le feuillage mince et d'un vert grisâtre, la mousse pâle qui s'attache aux rameaux secs, tout paraît dénoter un arbre fatigué par une trop longue production. Il n'est donc guère probable que l'exploitation du chêne-liège soit jamais destinée à prendre un développement très considérable dans la Gascogne méridionale. Du reste, les producteurs du Marensin auront avant longtemps à soutenir une autre concurrence que celle des Catalans et des Provençaux. Les forêts de l'Algérie commencent à verser leurs produits sur les

IV. LES LANDES DE BORN ET DU MARENSIN.

marchés de la métropole ; les rivages de la Méditerranée, terres de prédilection du chêne-liège, accroissent chaque année leur production ; enfin les nombreuses plantations faites par les soins du gouvernement anglais dans ses diverses colonies des deux mondes, notamment en Australie, seront bientôt en plein rapport.

L'agriculture proprement dite des landes méridionales se réduit à fort peu de chose. Le sol végétal n'ayant qu'une faible épaisseur et les engrais faisant presque complètement défaut, les paysans se bornent à cultiver dans les clairières le maïs, le seigle et d'autres céréales d'une assez misérable apparence. Depuis un temps immémorial, on plante aussi la vigne sur le revers oriental des dunes qui s'étendent du Cap-Breton au Vieux-Boucau et au village de Messanges. Après avoir choisi l'espace le plus abrité du vent de la mer, les vignerons divisent le sol en carrés de 15 à 20 mètres de côté au moyen de fascines hautes d'un mètre, protégeant les jeunes plantes contre le froid et le vent d'ouest. Pour amender le sol, les vignerons répandent chaque année autour des ceps le sable vierge des dunes voisines ; mais trop souvent les rafales se chargent d'accomplir elles-mêmes cette besogne. Le sable fin de la dune vole par-dessus les palissades, pénètre par les interstices des fascines et s'accumule peu à peu dans l'enclos ; les ceps, les sarments, sont graduellement recouverts, et parfois après une tempête quelques pampres ondulant au-dessus du sable indiquent seuls l'endroit où la vigne est ensevelie. Il faut alors que le paysan lutte courageusement contre l'envahisseur, ou qu'il abandonne ses cultures. Constamment saupoudrés de poussière siliceuse, les *raisins de sable* finissent par acquérir un certain goût rappelant celui du sol qui les a produits. Les vins, rouges ou blancs, ont également un goût de sable ; toutefois ils sont très appréciés par les consommateurs des villages environnants et jouissent même de quelque réputation dans les villes des landes [6]. Malheureusement l'*oïdium* a fait de grands ravages dans les vignobles des dunes. Ainsi la commune du Cap-Breton, qui produisait en moyenne 400 barriques, n'en produit plus que le dixième. Il est probable que la récolte annuelle de tous les vignobles des dunes ne dépasse pas une centaine de tonneaux. La rareté du vin explique en grande partie le vice de l'ivrognerie, si commun chez les landais des deux sexes. Dans le Bordelais, région des grands vignobles, en Espagne, en

Italie, dans toutes les contrées où le vin se boit à chaque repas, on ne rencontre guère d'ivrognes : ils foisonnent dans tous les pays où le vin, plus ou moins frelaté, devient une boisson de luxe. Dès que le voyageur a dépassé la limite des vignes bordelaises pour s'enfoncer dans le cœur des landes, il ne saurait, sans un profond dégoût, passer le dimanche soir devant la porte des auberges, remplies de buveurs et de chanteurs obscènes.

Si l'agriculture du pays de Born et du Marensin est encore dans la période rudimentaire, l'industrie est nulle pour ainsi dire, et même le peu qui en existe tend journellement à disparaître. Il y a plus de cinq cents ans déjà, un seigneur des landes avait eu l'idée d'exploiter le minerai de fer qui se trouve en plusieurs endroits mélangé aux couches d'alios, car un titre du XIVe siècle fait mention de l'usine de Ponteux. En 1764, un grand établissement de forges fut construit à Uza, non loin de l'étang de Saint-Julien. Depuis cette époque, une quinzaine d'autres forges et hauts-fourneaux ont été fondés dans le département des Landes. Toutes ces usines ont pu vivre et prospérer jusqu'à ces dernières années, grâce à l'abondance du combustible végétal, au bas prix de la main-d'œuvre ; mais la guerre d'Amérique et la mise en valeur des landes ont eu pour conséquence indirecte d'augmenter de près du double la valeur du charbon de bois et le salaire des ouvriers ; puis les traités de commerce conclus avec l'Angleterre et la Suède ont permis aux fabricants étrangers d'engager la lutte avec ceux des landes sur tous les marchés de la Gascogne, et d'offrir les mêmes articles à 10 pour 100 de rabais. Les usiniers landais peuvent encore résister à la concurrence, parce qu'ils connaissent mieux que leurs rivaux les habitudes locales et savent se conformer à la toute-puissante routine ; mais, sentant la clientèle leur échapper graduellement, ils sont obligés de restreindre l'importance de leurs affaires. Ce qui contribue à leur infériorité dans la lutte soutenue contre les industriels d'autres pays, c'est que leur minerai de fer est de qualité médiocre et ne peut servir qu'à la production de la fonte grossière. Pour la production de leur fer forgé, qui du reste est excellent, ils sont obligés de faire venir la matière première d'Espagne et du département de la Dordogne [7].

Sans industrie, sans autre commerce que celui des simples denrées du pays, les habitants des landes sont ainsi forcément

IV. LES LANDES DE BORN ET DU MARENSIN.

ramenés vers l'exploitation du sol, soit par la sylviculture, soit par une agriculture rudimentaire. Depuis quelques années, ils s'occupent sérieusement d'agrandir leur domaine agricole par la conquête des terres d'alluvion et des sables que recouvrent de leurs eaux les étangs de Soustons, de Léon, de Saint-Julien et les grands lacs du pays de Born. Du reste, cette entreprise a pour but la simple récupération d'un territoire qui jadis appartenait au continent presque en entier. Les riverains de l'étang de Saint-Julien signalent encore sous l'eau les endroits où se trouvaient les chantiers d'exploitation d'une forêt disparue. D'anciens titres parlent aussi des grands bois qu'a remplacés, il y a trois siècles environ, l'étang de Léon. Si l'on en croit le témoignage des résiniers du voisinage, on verrait encore vers le milieu de cette nappe lacustre une pierre qui marquait autrefois le *camin romieu* des pèlerins de Saint-Jacques, et que recouvrent aujourd'hui les eaux transparentes. C'est en grande partie l'imprévoyance de l'homme qui est la cause de cet envahissement graduel des étangs sur le sol des landes, car si l'habitant des villages du littoral n'avait pas coupé les arbres qui retenaient les sables, les dunes n'auraient pas marché à la conquête du territoire en refoulant les eaux devant elles. Toutefois c'est aussi à l'allongement graduel des canaux de dégorgement qu'il faut attribuer pour une forte part l'exhaussement séculaire du niveau des étangs.

Les mouvements de la mer elle-même expliquent l'allongement de chaque déversoir d'étang. En effet, un courant maritime se meut parallèlement à la côte des landes dans la direction du nord au sud, ainsi qu'il est facile de s'en convaincre en voyant les épaves qui vont à la dérive sur les vagues et les embarcations naufragées dont l'arrière est uniformément tourné vers le midi. Ce courant pousse devant lui des masses de sable qu'il mêle aux brisants et rejette sur la plage. Les pointes sablonneuses, sans cesse alimentées par l'apport des flots, s'allongent ainsi dans la direction du sud, et finiraient toutes par atteindre la base des promontoires pyrénéens, si elles n'étaient çà et là interrompues dans leur marche par de petits estuaires marins et des embouchures de rivières. Lorsque la mer est bordée d'un cordon littoral que les vagues surmontent pour aller se déverser au-delà dans une étroite lagune parallèle au rivage, le déversoir de cette lagune est toujours dirigé vers le sud.

De même les courants sortis des étangs de l'intérieur ne se jettent point directement à la mer ; mais quand ils sont abandonnés à eux-mêmes, ils se détournent du côté du sud, et, séparés des vagues par une simple levée de sable qui grandit incessamment, vont déboucher à plusieurs kilomètres en aval de l'endroit où pour la première fois ils se sont mêlés à la mer. S'allongeant peu à peu, les déversoirs des étangs exhaussent le fond de leur lit en amont, afin de maintenir la régularité de leur pente ; le niveau de leurs eaux s'élève ainsi par degrés en même temps que celui de l'étang qui les alimente.

Puisque l'allongement des canaux de sortie fait monter les eaux dans les réservoirs lacustres des landes, il suffit de rectifier le cours des affluents et de les amener directement à la mer, pour en abaisser aussitôt le lit en amont de l'embouchure et pour diminuer d'autant la profondeur du lac lui-même. C'est là ce qu'on a fait avec le plus grand succès pour les étangs de Soustons et de Sainte Julien. Le niveau du premier a été déprimé de 5 mètres, au grand avantage du village de Soustons, qui s'est enrichi d'une zone de laisses assez fertiles. L'étang de Saint-Julien a été également abaissé de plusieurs mètres par le redressement du courant de Contis ; mais ce n'est pas sans peine que les ingénieurs ont pu maîtriser ce cours d'eau et l'empêcher de se déverser dans la direction du sud, parallèlement à la côte : plusieurs fois déjà on a dû prolonger l'estacade qui le force à descendre en ligne droite vers la mer. Quant au grand *courant* de Mimizan, on a maintes fois essayé de lui creuser un lit normal à la côte et d'y maintenir ses eaux ; mais le fleuve ne s'est pas laissé vaincre, et, renversant les barrières de pieux et de fascines qu'on lui opposait, il n'a cessé de couler au sud-est et au sud. Des kilomètres entiers de clayonnages élevés pour en diriger le cours sont aujourd'hui ensevelis sous les dunes. Toutefois il n'est pas douteux que l'expérience acquise par les ingénieurs qui ont rectifié le courant de Contis n'apprenne un jour à triompher définitivement de la résistance du fleuve de Mimizan. Lorsque l'embouchure sera fixée et que l'on aura fait sauter les bancs d'alios qui obstruent le courant aux environs du village de Sainte-Eulalie, l'agriculture aura conquis des milliers d'hectares sur les étangs, aujourd'hui presque inutiles, d'Aureilhan, de Parentis et de Cazaux.

Le redressement et la canalisation des rivières de dégorgement,

IV. LES LANDES DE BORN ET DU MARENSIN.

tels ont été à peu près les seuls travaux entrepris dans les landes pour dessécher les terres inondées ; jusqu'à nos jours, on n'a épuisé directement au moyen de pompes qu'une seule pièce considérable du Marensin. L'étang d'Orx, que l'on a fait ainsi disparaître du sol, n'était point une mer de Harlem, il est vrai ; mais l'œuvre de dessèchement n'en a pas moins été très pénible à cause de la nature mouvante des terrains dans lesquels il s'agissait de creuser les bassins et d'installer les machines d'épuisement. La surface inondée offrait en moyenne 1,200 hectares ; mais elle variait constamment, suivant l'abondance ou la rareté des pluies. Parfois, après les fortes sécheresses, la nappe centrale de l'étang, connue sous le nom de *claron*, était seule assez profonde pour porter bateau ; parfois aussi les eaux d'inondation refluaient dans les vallons des ruisseaux tributaires et les transformaient temporairement, ainsi que les cultures voisines, en d'infranchissables marais. Alors la plus grande profondeur de l'étang d'Orx atteignait de 6 à 7 mètres, et plus de 30 millions de mètres cubes d'eau remplissaient le réservoir lacustre. Par ces alternatives d'inondation et de dessèchement partiels, la vallée tout entière et les vallons des trois affluents étaient devenus de vastes foyers d'infection. En hiver, les champs étaient mondés ; en été, les terres couvertes de limon fermentaient au soleil en empestant l'atmosphère. D'ailleurs, quel que fût le niveau de l'eau, les habitants des diverses localités de la rive orientale n'en restaient pas moins prisonniers, pour ainsi dire ; ils ne pouvaient communiquer avec Bayonne et la grande route des landes qu'en faisant un long circuit autour des terres noyées.

Henri IV donna l'étang d'Orx au célèbre Barclay ; mais ce grand dessécheur de marais ne chercha point à tirer parti de son domaine, Les premiers travaux de dessèchement ayant été commencés en 1701 sous la direction de l'ingénieur Delavoye, l'étang fut changé en marais ; mais peu à peu les canaux de décharge s'obstruèrent, et les corvées annuelles des paysans ne suffirent pas à déblayer complètement les vases. Enfin, en 1843, un ingénieur courageux, M. Francfort, obtint la concession de ce redoutable étang, dont tous les autres propriétaires craignaient le voisinage. Il se mit à l'œuvre, approfondit de 3 mètres le canal de décharge appelé Bondigau, et rectifia le cours de ce ruisseau d'écoulement, qui va se réunir à l'ancien lit de l'Adour en amont de Cap-Breton. Il put abaisser ainsi considérablement le niveau des eaux dans l'étang d'Orx, et conquit une grande étendue de terrain ; mais il eut, dit-on, le malheur de dessécher complètement et de transformer en sables infertiles 300 hectares de terres arables que les Capbretonnais possédaient sur les rives du Bondigau. Il dut abandonner son œuvre après avoir péniblement lutté contre les difficultés matérielles de l'entreprise et contre le mauvais vouloir de ceux qui l'entouraient. Ses successeurs continuèrent les travaux de dessèchement, mais ils se contentèrent d'approfondir le lit du Bondigau jusqu'au niveau du fond de l'étang, sans penser que le dessèchement graduel des terrains tourbeux ferait baisser peu à peu le sol comme une gigantesque éponge graduellement dégonflée. En effet, la tourbe du fond, s'affaissant lentement, se trouva bientôt, en certains endroits, au-dessous du canal d'écoulement et garda sa nature marécageuse.

Un grand dignitaire, qui disposait des capitaux nécessaires à l'achèvement de l'entreprise, étant devenu l'acquéreur des marais d'Orx, les travaux de dessèchement furent repris en 1860 sous, la direction de l'ingénieur Rérolle et poursuivis sans relâche pendant l'espace de quatre années ; ils ont été conduits à bonne fin dans les premiers mois de 1864. Un canal de ceinture, qui reçoit les trois ruisseaux de Burette, d'Orx et de Saint-André, entoure complètement le bassin de l'ancien étang ; d'autres canaux, tracés dans la direction de la pente générale, coupent le domaine dans tous les sens et viennent former à l'endroit le plus bas un grand bassin où s'amassent toutes les eaux de pluie et d'infiltration. Trois puissantes turbines, ayant chacune 40 chevaux de force et pouvant soulever à la fois 1 mètre cube d'eau par seconde, déversent la masse liquide dans le canal de ceinture, et maintiennent ainsi les terres basses de la propriété dans un état parfait d'assainissement. La section du lit de décharge a été augmentée, et tandis qu'autrefois il pouvait donner passage seulement à 4 mètres cubes d'eau par seconde, il est assez large maintenant pour en débiter jusqu'à 35 mètres dans le même espace de temps. M. Rérolle a le premier compris que le dessèchement aurait pour résultat de faire baisser d'une manière considérable le niveau du sol, et c'est en prévision de ce fait qu'il a renoncé aux erremens de ses prédécesseurs pour adopter le système de l'épuisement direct au moyen de turbines. Un nouvel approfondissement du lit de décharge aurait diminué dans

IV. LES LANDES DE BORN ET DU MARENSIN.

une très forte proportion la pente des eaux vers la mer, tandis que par le système actuel on a pu accroître la chute totale du courant et conquérir ainsi une force hydraulique considérable. Les terres de l'ancien étang ne sont pas seulement desséchées à la surface, elles sont également assainies dans leur profondeur ; aussi le niveau du sol tourbeux a-t-il baissé de 40 centimètres dans l'espace de quatre mois.

On n'a pas encore tiré parti de ce beau domaine par une culture sérieuse. Quelques métayers de passage, appelés dans le pays *faisandiers* [8], exploitent au hasard, pour ainsi dire, les parties de la propriété qui leur paraissent fertiles ; mais le loyer qu'ils paient est très inférieur à l'intérêt annuel des frais de premier établissement [9]. Rien ne serait plus facile pourtant que de transformer l'ancien fond lacustre en terres agricoles d'une grande fécondité, car les amendements nécessaires à la fertilisation du sol s'étendent en couches inépuisables sur les rives mêmes du canal de ceinture. Les collines à la base desquelles les eaux de l'étang d'Orx avaient été jadis poussées par la chaîne envahissante des dunes occidentales, sont en grande partie composées de marne excellente et d'une exploitation facile ; cette argile calcaire est l'amendement le plus convenable pour les tourbes qui constituent le fond du marais. Grâce aux canaux qui entourent le domaine et qui le coupent en divers sens, on aurait pu sans peine transporter les marnes sur toutes les berges de la propriété. Ainsi que le proposait M. Rérolle, on aurait même pu répandre directement la pierre sur le sol des champs en introduisant successivement l'eau du canal de ceinture dans chacune des *aires* de l'ancien étang, et en y faisant pénétrer des bateaux-porteurs chargés de marne. Ces projets n'ont pas été mis à exécution, et le territoire agricole reconquis ne produit encore que d'insignifiantes récoltes de maïs et de pommes de terre ; mais les améliorations viendront certainement tôt ou tard. C'est déjà beaucoup que le sol soit prêt à les recevoir. D'autres résultats, plus importants encore, ont été obtenus par le dessèchement de l'étang d'Orx. Les communes voisines, autrefois séparées les unes des autres par d'infranchissables marais, sont maintenant rattachées au reste du monde par d'excellentes voies de communication ; l'air s'est en même temps assaini, la vie moyenne des habitants s'est considérablement accrue. La civilisation a fait son entrée dans ce district reculé des landes, et les fièvres paludéennes ont disparu.

III

Le dessèchement des étangs, l'assainissement du sol, la transformation des landes rases en forêts, la mise en culture des bas-fonds arrosés, tel est l'idéal agricole, en partie réalisé, qu'ont jusqu'à nos jours poursuivi les propriétaires landais. Toutes ces améliorations ont certainement une grande importance économique ; mais voici qu'un ingénieur dédaigneux des anciennes routines expose un projet dont les résultats seraient incomparablement supérieurs à tous ceux qu'espèrent atteindre les agronomes, même les plus confiants dans l'art de fertiliser la terre et d'en accroître les produits. Cet ingénieur, M. Duponchel, ne propose rien moins que de broyer des coteaux stériles, de les réduire en terres d'alluvion d'un titre déterminé et de les étendre en une couche d'épaisseur uniforme sur tout l'espace des landes, de la pointe de Grave à la bouche de l'Adour, Changer le territoire le moins fertile de la France en une plaine aussi riche que la Limagne et l'Alsace, tel est, dans toute sa simplicité grandiose, le but que se propose l'ingénieur et qu'il se charge d'atteindre. Si magnifique est ce projet qu'à première vue il doit sembler une utopie ; mais s'est-il rien fait de grand sur la terre qui tout d'abord n'ait été déclaré absurde et impossible ?

Frappé du rôle que les torrents et les fleuves remplissent dans la mise en production des campagnes par le transport des alluvions, l'auteur du projet s'est demandé si l'homme ne pourrait pas imiter systématiquement la nature et diriger par la science cette œuvre de fertilisation qui s'accomplit maintenant au hasard. À l'exception du sol végétal que forment les laves et quelques autres roches en se délitant sous l'influence des intempéries, toutes les terres d'une grande fertilité ont été portées dans les campagnes et réparties par les eaux courantes molécule à molécule. Ce sont des roches diverses arrachées au flanc des monts, puis broyées les unes contre les autres dans le lit des torrents, qui deviennent, après un parcours plus ou moins long, ces excellents limons nourriciers des vallées fluviales dont la fécondité ne se lasse jamais. Ainsi le riche delta du Nil, qui depuis tant de milliers d'années est l'un des greniers du monde, est descendu tout entier des hautes montagnes de l'Ethiopie. De même une grande partie de la Hollande n'est autre chose qu'un lambeau de la Suisse, déroulé comme un vaste tapis sur le sous-sol antique : sous chacun des polders rhénans, on pourrait retrouver à la fois dans un mélange intime le granit des Alpes et le calcaire du Jura. Les terres des grandes vallées américaines, où la végétation se développe avec tant de fougue et de puissance que l'homme ose à peine lutter contre elle, ont été également apportées des Montagnes-Rocheuses ou de la chaîne des Andes : les cimes infertiles et désertes ne cessent de s'abaisser, tandis que les débris, entraînés à des centaines ou même des milliers de lieues, accroissent de jour en jour le domaine habitable de l'humanité.

Ce sont là des faits géologiques parfaitement connus ; mais il est certain que les agriculteurs n'ont su jusqu'à présent en tirer qu'un bien faible parti. Ils se sont bornés à faire çà et là des opérations de colmatage. À l'époque des crues, quelques propriétaires riverains admettent l'eau trouble des fleuves dans les campagnes situées au-dessous des niveaux d'inondation et la laissent se déposer graduellement sur le fond, afin de renouveler ainsi la fertilité de la terre par l'addition d'un sol vierge. Ces procédés, qui malheureusement ne sont point employés aussi souvent qu'ils devraient l'être, produisent les plus excellents résultats ; mais qu'il y a loin de cette ancienne pratique de colmatage à la création de torrents artificiels, fabriquant sans cesse aux dépens des montagnes et au profit des plaines une énorme quantité de limon ! Il s'agirait désormais d'utiliser en faveur de l'agriculture et de discipliner, pour ainsi dire, ces eaux bondissantes qui depuis tant de siècles offrent vainement à l'homme la force gratuite de leurs rapides et de leurs cascades. M. Duponchel, n'eût-il fait que de suggérer cette idée si digne d'une attention sérieuse, mériterait déjà nos éloges ; mais il a su en outre donner une forme pratique à son idée, et s'offre à réaliser lui-même le projet qu'il a conçu [10]. Pour exposer le plan du savant ingénieur, il nous faut abandonner un instant l'uniforme plateau des landes et nous rendre au cœur, des Pyrénées, dans l'une des vallées les plus accidentées et les plus charmantes de la chaîne.

Entre les deux vallées de Bagnères-de-Bigorre et de Bagnères-de-Luchon s'ouvre la vallée d'Aure, où Coule le torrent de la Neste, qui, après un cours tortueux de quatre-vingts kilomètres environ, va se jeter dans la Garonne près de Montrejean. Les affluent supérieurs du torrent réunissent leurs premières eaux, les uns dans les combes de la chaîne frontière, les autres sur les pentes des montagnes d'Aragnouet, et principalement dans les bassins profonds qui s'ouvrent autour de la haute cime granitique de Néouvielle, l'un des géants des Pyrénées. Les grands cirques creusés jadis dans le roc vif par les glaciers qui s'épanchaient du sommet de la montagne sont remplis aujourd'hui par des lacs et des *laquets* étagés les uns au-dessus des autres sur les flancs du massif. Ces étangs profonds, le Doredom, le Caplong, le Domar et d'autres encore, renferment une masse liquide très considérable incessamment alimentée par la fonte des neiges et des petits glaciers. Le surplus des eaux s'épanche par-dessus le rebord inférieur du lac de Doredom, et forme ces magnifiques cascades de Couplan qui comptent parmi les plus belles des Pyrénées, et qui pourtant sont bien rarement contemplées par les artistes et les voyageurs.

Il serait facile, au moyen d'un barrage établi en travers de la fissure des rochers qui donne issue à toutes les eaux supérieures, de retenir à volonté la masse liquide dans le lac Doredom, pour déverser ensuite une quantité d'eau beaucoup plus considérable dans le lit de la Neste : à son gré, le gardien de la vanne pourrait tarir le gave ou décupler le volume des eaux d'écoulement. Ce serait là un avantage immense, qui permettrait d'emmagasiner en hiver et au printemps les eaux d'inondation et de les rendre à la suite des sécheresses, alors que les eaux sont trop basses dans le lit du torrent principal. Un barrage de ce genre, qui aurait pu servir à la régularisation du débit des eaux de la Neste, fut construit du temps de Louis XIV, mais il ne servit qu'à faciliter le déboisement de la contrée. Les sapins séculaires qui croissaient par milliers sur les flancs du Néouvielle et des montagnes environnantes furent abattus et précipités du haut des rochers jusque dans les eaux du lac Doredom. Lorsque le niveau des eaux grossissantes s'était élevé jusqu'au bord de l'écluse, les troncs d'arbres étaient poussés en radeau vers l'issue du lac, le barrage était soudainement ouvert, et l'immense cataracte d'eau, d'écume et de sapins entre-choqués plongeait avec fracas d'abîme en abîme à travers les défilés. Rendu inutile pour le flottage par le déboisement presque complet des pentes supérieures, le barrage du XVIIe siècle est tombé en ruine.

IV. LES LANDES DE BORN ET DU MARENSIN.

Il y a quelques années, on essaya de le reconstruire dans l'intérêt des agriculteurs et des usiniers riverains de la basse vallée ; mais les travaux, qui devaient avoir pour résultat d'élever de quinze mètres environ le niveau du lac, ont été inopinément interrompus sans raison plausible.

Le barrage du lac Doredom est encore à terminer, mais du moins on a su employer partiellement les eaux de la Neste vers le milieu de leur cours pour alimenter un canal d'irrigation. Cette branche artificielle du torrent commence non loin d'Arreau, chef-lieu de la vallée d'Aure, puis contourne à mi-flanc les contreforts des hautes montagnes où l'on exploite les beaux marbres de Beyrède et de Sarrancolin, et, s'élevant graduellement au-dessus de la profonde vallée de la Neste, finit par atteindre l'infertile plateau de Lannemezan, à plusieurs centaines de mètres au-dessus du torrent qui gronde en bas dans une étroite fissure. Ce canal de dérivation, qui fournit en moyenne de 6 à 7 mètres cubes d'eau pure à la seconde, est actuellement presque sans emploi. La masse liquide, arrivant au milieu de landes argileuses qui n'ont aucun besoin d'être arrosées, mais auxquelles des amendements calcaires seraient indispensables, traverse inutilement le plateau désolé. Convenablement distribuée, cette eau pourrait rendre de grands services, surtout pendant les périodes d'étiage, aux agriculteurs des vallées profondes qui rayonnent en forme d'éventail autour du massif de Lannemezan ; mais les grands progrès agricoles qu'on attendait du canal d'irrigation ne semblent guère en voie de se réaliser.

L'auteur du projet croit qu'on pourrait utiliser ce canal pour la fertilisation des landes sablonneuses de la Gascogne. Son plan serait de prolonger de 12 kilomètres le canal actuel en lui faisant suivre la pente du plateau jusqu'au faîte qui sépare le bassin de la Garonne d'un autre vallon où coule le Bouès, l'affluent le plus oriental de l'Adour. La colline qui forme en cet endroit la barrière de séparation entre les deux bassins consiste en un long rempart d'argile ayant une hauteur d'environ 80 mètres et 7 ou 800 mètres d'épaisseur. C'est là le coteau que l'ingénieur propose de renverser pour en répartir les débris à la surface des landes. Il serait facile de désagréger par les moyens ordinaires ces terrains, qui parfois glissent d'eux-mêmes sur la pente, sollicités par leur propre poids ;

mais qu'on se serve du procédé californien, révélé pour la première fois au public français dans la *Revue*[11], et la démolition des couches argileuses ne sera plus qu'un jeu. Si l'on dirige adroitement vers la base de la colline plusieurs jets d'eau provenant du canal d'amenée, il n'est pas douteux que d'énormes masses de terre s'écrouleront dans la vallée et se réuniront à la masse liquide glissant en une longue chute du haut de la colline. Tous ces détritus argileux sont les matériaux qui doivent se mélanger au sable des landes pour contribuer à sa transformation en sol végétal.

Au pied de la colline attaquée commencerait le grand canal des alluvions. Incessamment poussées par le courant, les terres entraînées se délaieraient peu à peu et se transformeraient en limon y tandis que les galets contenus dans la masse argileuse se heurteraient contre les parois du canal et seraient graduellement changés en sable. Afin que ce dernier résultat soit atteint d'une manière complète, M. Duponchel propose de donner au canal, sur une longueur de 10 kilomètres, une pente moyenne de 5 mètres par kilomètre, et de revêtir de cailloux siliceux les parois et le fond de la tranchée. Les sables étant des amendements fort inutiles pour l'amélioration du sol landais, on aurait soin de leur ménager des issues ; de distance en distance le long des berges, tandis que les alluvions argileuses, plus fines et plus ténues, continueraient leur route vers la plaine. À la cote de 370 mètres, le canal de colmatage, débarrassé désormais de ses apports arénacés, cesserait de longer le cours du Bouès pour suivre, dans la direction du nord-ouest et par une pente moyenne de 2 mètres sur 1,000, la ligne de faîte qui sépare les affluents de la Garonne de ceux de l'Adour. Il arriverait ainsi jusque dans les grandes landes à 130 mètres d'altitude entre les sources de la Douze et celles du Cicon. C'est là que devraient commencer les canaux secondaires, se dirigeant avec une pente de trois quarts de mètre par kilomètre vers les divers points du littoral et se subdivisant eux-mêmes en fossés et en rigoles de colmatage. Inutile de décrire ce réseau d'artères et de vaisseaux chargés de répartir la terre vivante sur le sol des landes : ces descriptions techniques sont du ressort de l'ingénieur.

Si le canal de colmatage ne roulait dans ses eaux que des argiles parfaitement pures, ces alluvions ne constitueraient point de sol normal avec le sable des landes ; heureusement elles contiennent

IV. LES LANDES DE BORN ET DU MARENSIN.

une quantité notable de substances calcaires, et d'ailleurs on trouve en maint endroit des plateaux du Gers des couches de marnes excellentes qu'il serait facile de faire ébouler dans un canal latéral et de mêler aux argiles de la grande artère de colmatage. Ce serait évidemment le meilleur moyen d'obtenir pour le sol des landes la chaux nécessaire à la constitution du sol végétal ; toutefois, si l'élément calcaire ne devait pas être représenté en quantité suffisante dans les eaux d'alluvion, il ne serait point impossible de s'en procurer directement en exploitant les marbres de la vallée d'Aure. Dans ce cas, très improbable, d'un manque de calcaire parmi les limons du canal, on propose d'opérer en amont du canal de Sarrancolin une nouvelle prise d'eau recevant de la Neste un mètre cube par seconde. La dérivation, suspendue pour ainsi dire aux flancs de la montagne et serpentant autour de chaque promontoire, aboutirait, comme le canal inférieur, sur le plateau de Lannemezan ; mais, au lieu de rouler l'eau pure du torrent, elle amènerait toutes les heures de 20 à 25 mètres cubes de débris calcaires détachés des pentes supérieures par le pic ou la poudre. Arrivés sur le plateau, les blocs et les cailloux entreraient dans un *canal broyeur* de 30 kilomètres de parcours et de 8 à 10 mètres de pente par kilomètre. Là, les moellons, entrechoqués et heurtés avec violence par le courant contre les murailles des bords et le pavé quartzeux, finiraient par être broyés complètement, et c'est réduits à l'état de boue qu'ils atteindraient la vallée du Bouès et se mélangeraient aux alluvions argileuses transportées par le canal de colmatage. Cette transformation rapide des blocs calcaires en un limon impalpable est un fait que l'observateur peut constater facilement dans toutes les hautes vallées où passent des torrents rapides. À l'issue des premiers cirques de la montagne, d'énormes blocs parsèment le lit et les berges du cours d'eau ; mais à chaque détour de la vallée les débris roulés par le courant diminuent de volume. Poussés par les eaux, les rochers s'arrondissent et se brisent ; ils sont transformés en galets, puis en graviers, et disparaissent enfin. Sur les dernières grèves, toute trace de calcaire a cessé de se montrer : on n'y voit plus que des sables quartzeux. M. Duponchel a constaté lui-même que les blocs calcaires transportés par l'Hérault dans la partie supérieure de sa vallée sont toujours réduits à l'état de vase après un parcours de 35 kilomètres. Si des pierres qui glissent le plus souvent sur le sable du fond dans une masse d'eau considérable sont ainsi broyées au passage des gorges rocheuses, elles seraient sans aucun doute réduites en poudre bien plus rapidement encore dans un étroit canal hérissé d'aspérités rocailleuses.

D'après le projet qui nous occupe, le grand canal de colmatage pourrait déverser chaque année à la surface des landes 200 millions de mètres cubes d'eau contenant 20 millions de mètres cubes de limon, soit un dixième de la masse totale. Cette vase argileuse, à laquelle le canal supérieur ajouterait 200,000 mètres cubes par an, serait répandue sur le sol sablonneux, de manière à former une couche unie de dix centimètres d'épaisseur. Mêlée par la charrue au sol quartzeux dans la proportion d'un quart ou d'un cinquième, le limon apporté du plateau sous-pyrénéen constituerait une terre labourable d'excellente qualité. Une grande partie des landes passerait ainsi, de la stérilité absolue, au maximum de production ; les bruyères, les pâtis, les maigres bois de pins, les maïs souffreteux pourraient être remplacés par les fourrages, les froments, les plantes industrielles et maraîchères ; les terres désolées du Médoc, du Born et du Marensin deviendraient un des jardins de la France. Dans son enthousiasme, M. Duponchel ne craint pas de comparer la fertilité à venir des campagnes landaises à celles de l'admirable plaine d'Aiguillon, que les eaux réunies du Lot et de la Garonne ont déposée couche à couche. Grâce aux apports constants du canal de la Neste, vingt mille hectares de la surface des landes pourraient être ainsi changés tous les ans en campagnes d'une extrême fertilité. En moins de soixante années, pourvu que les propriétaires du sol aient le bon sens de se prêter à cette transformation au fur et à mesure de l'épuisement de leurs forêts de pins, les 1,200,000 hectares de terrains pauvres ou complètement stériles qui se trouvent au sud-ouest de la France auraient été ajoutés à notre domaine agricole. Et si le devis de l'ingénieur n'est pas erroné, cet incalculable accroissement de richesses serait acheté au prix de 6 à 7 centimes par mètre cube d'alluvions, — de 60 à 70 fr. par hectare de sol amélioré [12]. Fallût-il doubler, décupler même cette dépense pour obtenir les résultats espérés par l'ingénieur, il n'y aurait certainement pas à hésiter. La discussion du devis présenté dans l'*Avant-Projet* de M. Duponchel étant spécialement du ressort des

IV. LES LANDES DE BORN ET DU MARENSIN.

ingénieurs, il nous reste à savoir si le plan lui-même repose sur des bases solides et se trouve en parfaite harmonie avec les lois hydrologiques. Quant à l'abatage des argiles au moyen de jets d'eau et à la transformation des pierres en limon par la résistance des parois d'un canal broyeur, ce sont là des faits qu'ont suffisamment prouvés l'expérience des mineurs californiens et l'observation directe des torrents dans toutes les montagnes. Aucun doute ne saurait donc subsister à cet égard ; mais ce qui n'est pas encore suffisamment connu, ce sont les questions relatives au transport des alluvions et à la vitesse des eaux chargées de troubles. Les objections les plus nombreuses et les plus importantes faites au plan de M. Duponchel ont trait à ces problèmes d'hydrologie. Le courant du canal ne sera-t-il pas retardé dans une proportion très forte par l'énorme quantité d'alluvions qu'il devra transporter ? Les troubles suspendus dans l'eau ne se déposeront-ils pas en route bien avant d'atteindre leur destination V II est certain qu'il doit exister une grande différence de vitesse entre un cours d'eau naturel qui charrie au plus un millième d'alluvions, comme le Rhône, la Garonne, le Mississipi, et un canal artificiel roulant dans ses eaux un dixième de son volume en limons argileux [13]. L'auteur du projet de fertilisation des landes ne doute pas que la pente du canal ne soit assez forte pour assurer le transport des matières limoneuses, à peine plus pesantes que l'eau et complètement dégagées de sable ; néanmoins il est le premier à demander qu'on lui permette de procéder à des expériences préliminaires pour réviser les formules empiriques relatives à l'écoulement des eaux troubles, fixer définitivement la pente que devrait avoir le canal sur les divers points du parcours, et constater d'une manière certaine la valeur fertilisante des alluvions artificielles.

Une idée neuve ne peut se faire jour sans qu'aussitôt la routine et la peur ne se liguent contre elles. Aussi plusieurs objections formulées contre le projet de M. Duponchel sont-elles dépourvues de tout caractère scientifique ; mais ces objections sans valeur n'en sont pas moins difficiles à écarter, tant les esprits faibles se laissent gouverner par la crainte des innovations. On n'a pas négligé non plus de faire intervenir les rivalités provinciales et d'invoquer les intérêts du département du Gers contre la Gironde et les Landes, comme si les procédés grandioses de colmatage que M. Duponchel a imaginés ne devaient pas un jour, justifiés par l'expérience, fournir les moyens de régénérer les terrains argileux du Gers aussi bien que les sables des Landes. Quoi qu'il en soit, la Société d'agriculture de la Gironde, tout en se déclarant incompétente sur les questions scientifiques et administratives, a émis le vœu que des études soient faites pour apprécier la valeur des alluvions artificielles appliquées aux terres stériles. Certes un groupe d'hommes réunis au nom du progrès agricole ne pouvait moins faire en faveur d'une invention qui révolutionnera peut-être complètement l'agriculture, non-seulement dans les landes françaises, mais aussi dans tous les pays où l'homme peut disposer d'eaux courantes pour les diriger sur des terrains infertiles. Si l'on tarde en France à conquérir tout ce qu'il nous reste encore de déserts, peut-être le système recommandé par M. Duponchel nous reviendra-t-il d'un continent voisin après avoir été appliqué par quelque grande compagnie industrielle. Qui sait si les Anglais ne songeront pas bientôt à profiter des eaux abondantes de l'Himalaya pour répandre des alluvions artificielles sur les solitudes stériles qui s'étendent entre la Djumna et le Pendjab ! Cette mise en culture du désert leur vaudrait l'annexion d'une nouvelle colonie.

Les théories émises par M. Duponchel sur la fertilisation des landes et d'autres terres actuellement stériles ne s'accordent point, nous l'avouons, avec ce principe des économistes modernes en vertu duquel les progrès de la culture sur un même terrain devraient nécessairement, et sous peine d'insuccès, s'accomplir par étapes régulières, du pâtis à la forêt, et de la forêt à la terre labourée. Toute transformation directe de landes vagues en champs et en jardins, sans que la terre passe par chaque période successive d'amélioration, peut sembler un fait monstrueux aux yeux de bien des agriculteurs classiques ; mais à une époque où la construction des chemins de fer précède en maintes solitudes du Nouveau-Monde et de l'Australie l'ouverture des simples sentiers, où les pirogues accouplées de la Mer du Sud sont remplacées par les grands vapeurs du commerce, on peut espérer qu'il n'est pas impossible, surtout au milieu d'un pays civilisé depuis longtemps et dans le voisinage d'une cité populeuse, de faire succéder immédiatement la grande culture à l'exploitation rudimentaire du sol. Certainement la fertilisation du sol landais était une chimère

IV. LES LANDES DE BORN ET DU MARENSIN.

alors que les moyens de communication manquaient, et que la charrue et le fumier des rares bestiaux étaient les seuls agents d'amélioration agricole ; mais de nos jours il n'en est plus ainsi. L'industrie et le commerce assiègent le pourtour des landes ; la richesse, devenue générale dans le pays, permet d'appliquer des capitaux considérables à la culture du sol ; la science propose les moyens d'apporter une nappe vierge de terre végétale ; la population, rendue de plus en plus mobile par les routes et les chemins de fer, se déplace facilement à l'appel du travail. D'ailleurs les progrès agricoles réalisés dans la région landaise depuis une vingtaine d'années ont été assez nombreux pour qu'il soit permis de compter encore sur l'avenir. Un jour, nous n'en doutons pas, les landes seront devenues une plaine fertile dans toute leur étendue, comme elles le sont déjà aux alentours de Bordeaux : le nom qui leur fut donné jadis aura perdu toute signification, et l'aspect de la contrée tel que nous l'avons décrit dans ces études ne sera plus qu'une chose du passé.

NOTES

1.   Voyez sur cette région du littoral de la France la Revue du 15 décembre 1862, du 1er août et du 15 novembre 1863.

2.   Suivant les étymologistes, le nom de Labourd (Laphurdy), qui désigne les cantons basques les plus rapprochés du Marensin, signifie contrée des pirates.

3.   Plusieurs villages du pays basque portent le nom de Viscarroz, Uiscarroz.

4.   Sur la carte de Cassini, datant de la fin de siècle dernier, sept pyramides sont figurées comme existant encore autour de Mimizan.

5.   C'est le mot anglais cork.

6.   On les vend aujourd'hui de 90 à 200 francs la barrique. Les crus supérieurs sont achetés jusqu'à 500 francs.

7.   On évalue à 1,200 tonnes seulement la quantité de fonte fabriquée annuellement dans les usines des landes.

8.   En espagnol hacienderos, en portugais fazendeiros.

9. Les travaux de dessèchement ont coûté depuis 1843 environ 1,200 francs par hectare.

10. Voyez l'écrit intitulé Avant-Projet pour la création d'un sol fertile à la surface des landes de Gascogne, Montpellier, 1864.

11. Voyez la remarquable étude de M. Laur sur les terrains aurifères de la Californie dans la Revue du 15 janvier 1863.

12. Les frais de premier établissement des canaux de trituration et de colmatage sont évalués à 10,800,000 francs, et les frais d'entretien annuel à 1,125,000 francs. D'après le rapport de la compagnie du chemin de fer du Médoc, les propriétaires des landes voisines de la Gironde trouveraient avantage à se procurer au prix de 6 à 7 francs la tonne les vases du fleuve, et à les transporter sur leurs terres. Dans le système du projet, on pourrait répandre directement sur les champs des vases de même qualité à un prix dix fois moindres.

13. Dans les Alpes-Maritimes, le torrent de la Tuébie, qui parcourt une vallée dont les roches marneuses se délitent et se fondent pour ainsi dire avec une excessive rapidité sous l'action des eaux, transporte parfois, ainsi que j'ai pu le constater récemment, jusqu'à un vingtième de son volume en débris arrachés à ses bords. Ses eaux chargées de vase sont noires comme de l'encre. Lorsque de grands éboulements se produisent, les torrents des montagnes peuvent être momentanément changés en avalanches de boue.

ISBN : 978-1986402668

www.ingramcontent.com/pod-product-compliance
Lightning Source LLC
Chambersburg PA
CBHW052208220526
45471CB00004B/1877